国家中等职业教育改革发展示范学校规划教材·计算机网络技术专业

布线设计与施工

主　编　王林浩　段伟民

副主编　郑学平　张宝慧　高　博

中国财富出版社

图书在版编目（CIP）数据

布线设计与施工／王林浩，段伟民主编 . —北京：中国财富出版社，2015.2
（国家中等职业教育改革发展示范学校规划教材 . 计算机网络技术专业）
ISBN 978 - 7 - 5047 - 5575 - 9

Ⅰ.①布… Ⅱ.①王… ②段… Ⅲ.①计算机网络—布线—中等专业学校—教材
Ⅳ.①TP393.03

中国版本图书馆 CIP 数据核字（2015）第 044232 号

策划编辑	王淑珍	责任印制	方朋远
责任编辑	孙会香　惠　婳	责任校对	梁　凡

出版发行	中国财富出版社（原中国物资出版社）		
社　　址	北京市丰台区南四环西路 188 号 5 区 20 楼	**邮政编码**	100070
电　　话	010 - 52227568（发行部）	010 - 52227588 转 307（总编室）	
	010 - 68589540（读者服务部）	010 - 52227588 转 305（质检部）	
网　　址	http://www.cfpress.com.cn		
经　　销	新华书店		
印　　刷	北京京都六环印刷厂		
书　　号	ISBN 978 - 7 - 5047 - 5575 - 9/TP · 0087		
开　　本	787mm×1092mm　1/16	**版　　次**	2015 年 2 月第 1 版
印　　张	10.75	**印　　次**	2015 年 2 月第 1 次印刷
字　　数	223 千字	**定　　价**	23.50 元

国家中等职业教育改革发展示范学校
规划教材编审委员会

前　言

综合布线系统是由数据和通信电缆、光缆、各种软电缆及有关连接硬件构成的通用布线系统，是能够支持语音、数据、影像和其他控制信息技术的标准应用系统。在当今这个信息化时代，计算机网络和人们的生活息息相关。现代建筑物、综合办公楼的信息传输系统不仅要求能支持一般的语音数据传输，还要求能够支持多种计算机网络协议及多种厂商设备的信息互联，可适应各种灵活的甚至是容错的组网方案。开放式、高速率、免维护、全支持的综合布线系统的迅猛发展，使得综合布线技术成为一项多学科交叉的复杂应用技术。

《布线设计与施工》是针对综合布线技术领域的职业岗位任职要求，围绕综合布线工程中的最新技术，采用当前相关行业标准和施工规范，以具体任务结合布线知识与技能的方式设计情境教学过程，通过完成不同的子任务模块，使学生逐步认知理论、学会操作方法、熟练掌握布线设计与施工相关技能，全面快速有效地提高学生职业能力和培养职业素质。

本书通过情境教学的方式将复杂的技术和知识分散成若干个简单的子任务，按照任务驱动的特点，把实际操作与理论相结合，突出标准和规范，将操作步骤和方法分解成易学易懂的模块，以图文并茂并附加实训项目巩固的方式，灵活引导学生掌握布线设计与施工技术，全面培养综合布线技术专业人才。

全书共三个情境，21 个子任务，采用工作过程系统化的模式编写，以布线范围为载体，以布线设计、布线施工、布线验收为教学主线，分别从房间布线、楼层布线和楼宇布线三个情境介绍综合布线设计与施工技术。

情境一房间布线包含 7 个子任务，首先从布线设计方面介绍了点数统计表和端口对应表的设计知识和技巧，然后从布线施工方面介绍了线缆的识别与整理相关知识和技能，接着重点介绍了水晶头、网络模块和语音模块的端接以及信息插座的安装技术，最后从布线验收方面介绍了双绞线的检验和跳线测试操作。

情境二楼层布线包含 8 个子任务，首先从布线设计方面介绍了综合布线系统图和综合布线系统施工图的设计知识和技巧，然后从布线施工方面介绍了线管、线槽的使用技术，接着介绍了数据配线架、语音配线架和 110 型跳线架的端接以及网络机柜和设备的安装技术，最后从布线验收方面介绍了铜缆故障检测与分析技术。

　　情境三楼宇布线包含 6 个子任务，首先从布线设计方面介绍了综合布线系统工程材料统计表、工程预算表和工程施工进度表的设计知识和技巧，然后从布线施工方面重点介绍了光纤的熔接和冷接技术，最后从布线验收方面介绍了光纤故障检测与分析技术。

　　本书由王林浩、段伟民任主编，郑学平、张宝慧、高博任副主编。王林浩、张秀生编写了情境一，朱亚静、刘会菊、米聚珍、王维民编写了情境二，吴利成、靳颖、杨永、赵金辉编写了情境三。王林浩负责全书内容的规划和统稿，整理并审核了全书内容。

　　在本书的编写过程中，还得到了河北经济管理学校、石家庄力劢电子科技有限公司的大力支持和指导，在此表示由衷的感谢。

　　由于编写时间仓促，加之作者水平有限，书中难免出现不足之处，敬请读者批评指正。

编　者

2015 年 1 月

目　录

情境一　房间布线

【知识目标】

1. 能够熟知铜缆和光缆的相关知识；

2. 能够熟知点数统计表的设计相关知识；

3. 能够熟知端口对应表的设计相关知识；

4. 能够熟知常见水晶头端接的相关知识；

5. 能够熟知常见网络模块的端接的相关知识；

6. 能够熟知常见屏蔽模块端接的相关知识；

7. 能够熟知常见语音模块的端接的相关知识；

8. 能够熟知常用电缆测试仪的相关知识；

9. 能够熟知信息插座安装的相关知识；

10. 能够熟知双绞线检测的相关知识。

【技能目标】

1. 学会铜缆理线操作的方法；

2. 学会双绞线电缆的剥线方法；

3. 学会点数统计表的设计方法；

4. 学会端口对应表的设计方法；

5. 学会超五类水晶头的制作方法；

6. 学会六类水晶头的制作方法；

7. 学会四件套组合水晶头的制作方法；

8. 学会网络模块的端接方法；

9. 学会屏蔽模块的端接方法；

10. 学会语音模块的端接方法；

11. 学会信息插座安装方法；

12. 学会双绞线的检验方法；

13. 学会双绞线跳线的测试方法；

14. 学会双绞线跳线制作工艺质量评价的方法。

【能力目标】

1. 能够熟练进行铜缆理线操作；
2. 能够熟练进行双绞线电缆的剥线操作；
3. 能够熟练进行点数统计表的设计；
4. 能够熟练进行端口对应表的设计；
5. 能够熟练进行超五类水晶头的制作；
6. 能够熟练进行六类水晶头的制作；
7. 能够熟练进行四件套组合水晶头的制作；
8. 能够熟练进行网络模块的端接；
9. 能够熟练进行屏蔽模块的端接；
10. 能够熟练进行语音模块的端接；
11. 能够熟练进行信息插座底盒的安装；
12. 能够熟练进行信息插座内模块的端接；
13. 能够熟练进行信息插座面板的安装；
14. 能够熟练进行双绞线的检验；
15. 能够熟练进行双绞线跳线的测试；
16. 能够熟练进行双绞线跳线制作工艺质量评价。

任务一　点数统计表的设计

【任务导入】

现要求以给定的"建筑群网络综合布线系统模型"作为网络综合布线系统工程实例，按照要求完成对应点数统计表的设计。该如何操作？

【任务分析】

要完成该任务需要了解点数统计表及其相关工程应用，学习编制点数统计表的相关要点，熟知点数统计表的设计步骤，然后根据所学即可完成任务要求。

【任务目标】

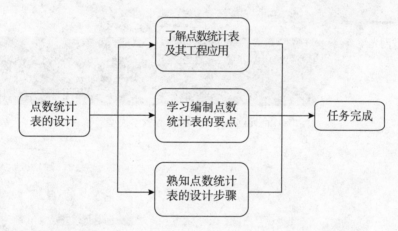

【任务实施】

综合布线系统的设计离不开建筑的结构和用途，本书的设计均以图 1-1 西安开元电子公司的网络综合布线系统教学模型为实例展开。它集中展示了智能建筑中综合布线系统的各个子系统，包括了 1 栋园区网络中心建筑，1 栋三层综合楼建筑物。本书将围绕这个建筑模型讲述设计的基本知识和方法，从以下 7 个方面进行综合布线系统设计实训。

（1）点数统计表的设计；

（2）端口对应表的设计；

（3）综合布线系统图的设计；

（4）综合布线系统施工图的设计；

（5）综合布线系统工程材料统计表的设计；

（6）综合布线工程预算表的设计；

（7）综合布线系统工程施工进度表的设计。

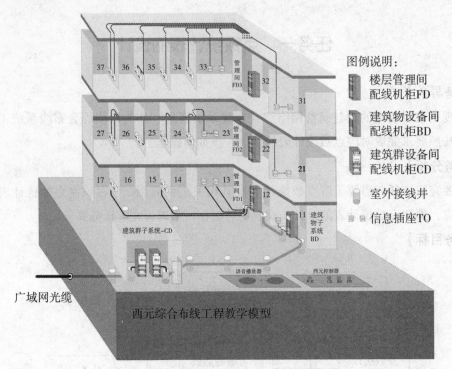

图例说明：
- 楼层管理间配线机柜FD
- 建筑物设备间配线机柜BD
- 建筑群设备间配线机柜CD
- 室外接线井
- 信息插座TO

（a）西元网络综合布线工程教学模型

（b）西元网络综合布线实物照片

图1-1　西元网络综合布线工程教学模型和实物照片

一、点数统计表

工作区信息点点数统计表简称点数表，是设计和统计信息点数量的基本工具和手段。

二、点数统计表的工程应用

点数统计表能够一次准确和清楚地表示和统计出建筑物的信息点数量。信息点数量和位置的规划设计非常重要，直接决定项目投资规模。

三、编制点数统计表的要点

1. 表格设计合理

要求表格打印成文本后，表格的宽度和文字大小合理，特别是文字不能太大或者太小。

2. 数据正确

每个工作区都必须填写数字，要求数量正确，没有遗漏信息点和多出信息点。对于没有信息点的工作区或者房间填写数字"0"，表明已经分析过该工作区。

3. 文件名称正确

作为工程技术文件，文件名称必须准确，能够直接反映该文件内容。

4. 签字和日期正确

作为工程技术文件，编写、审核、审定、批准等人员签字非常重要，如果没有签字就无法确认该文件的有效性，也没有人对文件负责，更没有人敢使用。日期直接反映文件的有效性，因为在实际应用中，可能会经常修改技术文件，一般是最新日期的文件替代以前日期的文件。

四、点数统计表的设计步骤

点数统计表的设计一般可以使用 Excel 工作表或 Word 表格，主要设计和统计建筑物的数据、语音、控制设备等信息点数量。设计人员为了快速合计和方便制表，一般使用 Excel 工作表软件进行。

下面通过点数统计表实际编写过程来学习和掌握编制方法，编制步骤和方法如下。

1. 创建工作表

首先打开 Microsoft Office Excel 工作表软件，创建 1 个通用表格，如图 1 - 2 所示。同时必须给文件命名，文件命名应该直接反映项目名称和文件主要内容，我们使用西元网络综合布线工程教学模型项目学习和掌握编制点数表的基本方法。把该文件命名为"01 - 西元教学模型点数统计表"。

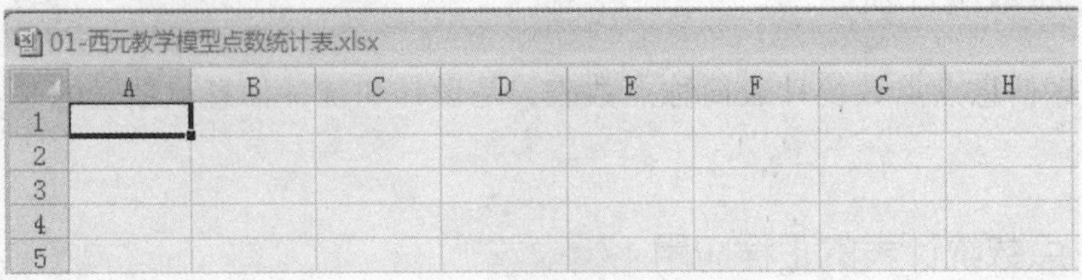

图1-2　创建点数统计表初始图

2. 编制表格与填写内容

需要把这个通用表格编制为适合使用的点数统计表，通过合并行、列进行。图1-3为已经编制好的空白点数统计表。

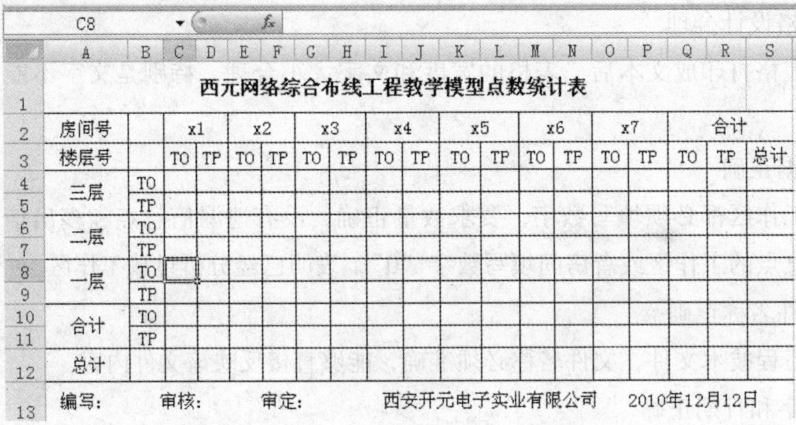

图1-3　空白点数统计表

首先，在表格第一行填写文件名称，第二行填写房间或者区域编号，第三行填写数据点和语音点。一般数据点在左栏，语音点在右栏，其余行对应楼层，注意每个楼层按照两行，其中一行为数据点，一行为语音点，同时填写楼层号，楼层号一般按照第一行为顶层，最后一行为一层，最后两行为合计。然后，编制列，第一列为楼层编号，其余为房间编号，最右边两列为合计。

3. 填写数据和语音信息点数量

按照图1-1西元网络综合布线工程教学模型，把每个房间的数据点和语音点数量填写到表格中。填写时逐层逐房间进行，从楼层的第一个房间开始，逐间分析应用需求和划分工作区，确认信息点数量。

在每个工作区首先确定网络数据信息点的数量，然后考虑语音信息点的数量，同时还要考虑其他智能化和控制设备的需要，例如在门厅要考虑指纹考勤机、门警系统等网络接口。表格中对于不需要设置信息点的位置不能空白，而是填写"0"，表示已经考虑过这个点。图1-4为已经填写好的表格。

S12

西元网络综合布线工程教学模型点数统计表

房间号		x1		x2		x3		x4		x5		x6		x7		合计		
楼层号		TO	TP	TO	TP	TO	TP	TO	TP	TO	TP	TO	TP	TO	TP	TO	TP	总计
三层	TO	2		2		4		4		4		4		2				
	TP		2		2		4		4		4		4		2			
二层	TO	2		2		4		4		4		4		2				
	TP		2		2		4		4		4		4		2			
一层	TO	1		1		2		2		2		2		2				
	TP		1		1		2		2		2		2		2			
合计	TO																	
	TP																	
总计																		

编写： 审核： 审定： 西安开元电子实业有限公司 2010年12月12日

图1-4 填写好信息点数量统计表

4. 合计数量

首先，按照行统计出每个房间的数据点和语音点，注意把数据点和语音点的合计数量放在不同的列中。然后，统计列数据，注意把数据点和语音点的合计数量应该放在不同的行中，最后进行合计。这样就完成了点数统计表，既能反映每个房间或者区域的信息点，也能看到每个楼层的信息点，还有垂直方向信息点的合计数据，全面清楚地反映了全部信息点。最后注明单位及时间。

在图1-5点数统计表中看到，该教学模型共计有112个信息点，其中数据点56个，语音点56个。一层数据点12个，语音点12个，二层数据点22个，语音点22个，三层数据点22个，语音点22个。

S12 112

西元网络综合布线工程教学模型点数统计表

房间号		x1		x2		x3		x4		x5		x6		x7		合计		
楼层号		TO	TP	TO	TP	TO	TP	TO	TP	TO	TP	TO	TP	TO	TP	TO	TP	总计
三层	TO	2		2		4		4		4		4		2		22		
	TP		2		2		4		4		4		4		2		22	
二层	TO	2		2		4		4		4		4		2		22		
	TP		2		2		4		4		4		4		2		22	
一层	TO	1		1		2		2		2		2		2		12		
	TP		1		1		2		2		2		2		2		12	
合计	TO	5		5		10		10		10		10		6		56		
	TP		5		5		10		10		10		10		6		56	
总计																		112

编写：蔡永亮 审核：樊果 审定：王公儒 西安开元电子实业有限公司 2010年12月12日

图1-5 完成的信息点数量统计表

5. 打印和签字盖章

完成信息点数量统计表编写后，打印该文件，并且签字确认，如果正式提交时必须盖章。图1-6为打印出来的文件。

西元网络综合布线工程教学模型点数统计表

房间号		x1		x2		x3		x4		x5		x6		x7		合计		
楼层号		TO	TP	TO	TP	TO	TP	TO	TP	TO	TP	TO	TP	TO	TP	TO	TP	总计
三层	TO	2		2		4		4		4		4		2		22		
	TP		2		2		4		4		4		4		2		22	
二层	TO	2		2		4		4		4		4		2		22		
	TP		2		2		4		4		4		4		2		22	
一层	TO	1		1		2		2		2		2		2		12		
	TP		1		1		2		2		2		2		2		12	
合计	TO	5		5		10		10		10		10		6		56		
	TP		5		5		10		10		10		10		6		56	
总计																		112

编写: 蔡永亮 审核: 龚景 审定: 王公儒 西安开元电子实业有限公司 2010年12月12日

图1-6 打印和签字的点数统计表

点数统计表在工程实践中是常用的统计和分析方法，也适合监控系统、楼控系统等设备比较多的各种工程应用。

【任务总结】

通过该任务学会了点数统计表的设计，对点数统计表的工程应用有了一定的认识，熟知编制点数统计表的要点和设计步骤，能够独立完成点数统计表的相关设计任务。

练习题

一、填空题

1. 设计人员为了快速合计和方便制作点数统计表，一般使用____软件进行。

2. 工作区信息点点数统计表简称点数表，是设计和统计____数量的基本工具和手段。

3. 点数统计表中对于不需要设置信息点的位置不能空白，而是填写____，表示已经考虑过这个点。

4. 信息点数量和位置的规划设计非常重要，直接决定项目____。

二、简答题

1. 简述点数统计表的设计要点，至少说明四点。

2. 简述点数统计表的设计步骤。

实训项目

【实训名称】

点数统计表设计实训。

【实训内容】

本实训给定图 1-7 "建筑群网络综合布线系统模型"作为网络综合布线系统工程实例，按照要求完成对应点数统计表的设计。

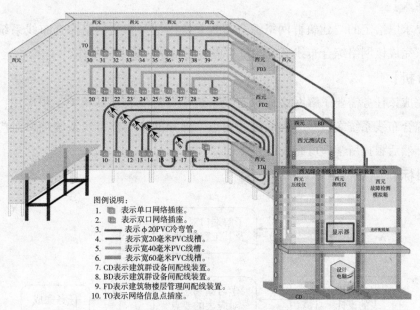

图例说明：
1. 表示单口网络插座。
2. 表示双口网络插座。
3. 表示φ20PVC冷弯管。
4. 表示宽20毫米PVC线槽。
5. 表示宽40毫米PVC线槽。
6. 表示宽60毫米PVC线槽。
7. CD表示建筑群设备间配线装置。
8. BD表示建筑群设备间配线装置。
9. FD表示建筑物楼层管理间配线装置。
10. TO表示网络信息点插座。

图 1-7 建筑群网络综合布线系统模型

【实训步骤】

第一步：分析项目用途，归类。

第二步：工作区分类和编号。

第三步：制作点数统计表。

第四步：填写点数统计表。

第五步：打印点数统计表。

【实训点评】

1. 项目名称正确。要求项目名称中必须有"××项目网络信息点数量统计表"字样。

2. 表格设计合理。要求行、列宽度合适，项目齐全，名称正确。

3. 数量正确。

4. 表格说明正确、完整。

5. 签字正确。要求填写设计人。

6. 日期正确。

任务二　端口对应表的设计

【任务导入】

现要求以给定的"建筑群网络综合布线系统模型"作为网络综合布线系统工程实例，要求完成该网络综合布线系统端口对应表的编制。该如何操作？

【任务分析】

要完成该任务需要了解网络综合布线系统端口对应表及其相关工程应用，学习编制网络综合布线系统端口对应表的相关要点，熟知网络综合布线系统端口对应表的设计步骤，然后根据所学即可完成任务要求。

【任务目标】

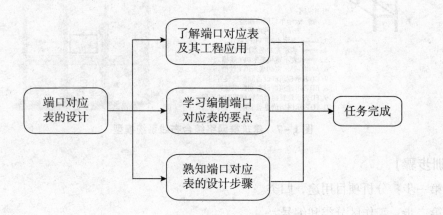

【任务实施】

一、端口对应表

端口对应表是综合布线施工必需的技术文件，主要规定房间编号、每个信息点的编号、配线架编号、端口编号、机柜编号等，主要用于系统管理、施工方便和后续日常维护。

二、端口对应表的工程应用

综合布线工程信息点端口对应表应该在进场施工前完成，并且打印带到现场，方便现场施工编号。

注意：每个信息点编号必须具有唯一的编号，编号有顺序和规律，方便施工和维护。

三、编制端口对应表的要点

1. 表格设计合理

一般使用 A4 幅面竖向排版的文件，要求表格打印后，表格宽度和文字大小合理，编号清楚，特别是编号数字不能太大或者太小，一般使用小四或者五号字。

2. 编号正确

信息点端口编号一般由数字＋字母串组成，编号中必须包含工作区位置、端口位置、配线架编号、配线架端口编号、机柜编号等信息，能够直观反映信息点与配线架端口的对应关系。

3. 文件名称正确

端口对应表可以按照建筑物编制，也可以按照楼层编制，或者按照 FD 配线机柜编制，无论采取哪种编制方法，都要在文件名称中直接体现端口的区域，因此文件名称必须准确，能够直接反映该文件内容。

4. 签字和日期正确

作为工程技术文件，编写、审核、审定、批准等人员签字非常重要，如果没有签字就无法确认该文件的有效性，也没有人对文件负责，更没有人敢使用。日期直接反映文件的有效性，因为在实际应用中，可能会经常修改技术文件，一般是最新日期的文件替代以前日期的文件。

四、端口对应表的设计步骤

端口对应表的编制一般使用 Microsoft Word 软件或 Microsoft Office Excel 软件，下面以图 1 - 1 所示的西元综合布线教学模型为例，选择一层信息点，使用 Microsoft Word 软件分步骤说明设计方法。

1. 文件命名和表头设计

首先打开 Microsoft Word 软件，创建 1 个 A4 幅面的文件，同时给文件命名，例如"02 - 西元综合布线教学模型端口对应表"。然后编写文件题目和表头信息，文件题目为"西元综合布线教学模型端口对应表"，项目名称为"西元教学模型"，建筑物名称为 2 号楼，楼层为一层 FD1 机柜，文件编号为"XY02 - 2 - 1"。

2. 设计表格

设计表格前，首先分析端口对应表需要包含的主要信息，确定表格列数量，例如表 1 - 1 中有 7 列，第一列为"序号"，第二列为"信息点编号"，第三列为"机柜编号"，第四列为"配线架编号"，第五列为"配线架端口编号"，第六列为"插座底盒编号"，第七列为"房间编号"。其次，确定表格行数，一般第一行为类别信息，其余按照信息点总数量设置行数，每个信息点一行。再次，填写第一行类别信息。最后，添加表格的第一列序号。这样一个空白的端口对应表就编制完成。

表 1 - 1　　　　　　**02 - 西元综合布线教学模型端口对应表**

项目名称：西元教学模型　建筑物名称：2 号楼　楼层：一层 FD1 机柜 文件编号：XY02 - 2 - 1

序号	信息点编号	机柜编号	配线架编号	配线架端口编号	插座底盒编号	房间编号
1	FD1 - 1 - 1 - 1Z - 11	FD1	1	1	1	11
2	FD1 - 1 - 2 - 1Y - 11	FD1	1	2	1	11
3	FD1 - 1 - 3 - 1Z - 12	FD1	1	3	1	12
4	FD1 - 1 - 4 - 1Y - 12	FD1	1	4	1	12
5	FD1 - 1 - 5 - 1Z - 13	FD1	1	5	1	13
6	FD1 - 1 - 6 - 1Y - 13	FD1	1	6	1	13
7	FD1 - 1 - 7 - 2Z - 13	FD1	1	7	2	13
8	FD1 - 1 - 8 - 2Y - 13	FD1	1	8	2	13
9	FD1 - 1 - 9 - 1Z - 14	FD1	1	9	1	14
10	FD1 - 1 - 10 - 1Y - 14	FD1	1	10	1	14
11	FD1 - 1 - 11 - 2Z - 14	FD1	1	11	2	14
12	FD1 - 1 - 12 - 2Y - 14	FD1	1	12	2	14
13	FD1 - 1 - 13 - 1Z - 15	FD1	1	13	1	15
14	FD1 - 1 - 14 - 1Y - 15	FD1	1	14	1	15
15	FD1 - 1 - 15 - 2Z - 15	FD1	1	15	2	15
16	FD1 - 1 - 16 - 2Y - 15	FD1	1	16	2	15
17	FD1 - 1 - 17 - 1Z - 16	FD1	1	17	1	16
18	FD1 - 1 - 18 - 1Y - 16	FD1	1	18	1	16
19	FD1 - 1 - 19 - 2Z - 16	FD1	1	19	2	16
20	FD1 - 1 - 20 - 2Y - 16	FD1	1	20	2	16
21	FD1 - 1 - 21 - 1Z - 17	FD1	1	21	1	17
22	FD1 - 1 - 22 - 1Y - 17	FD1	1	22	1	17
23	FD1 - 1 - 23 - 2Z - 17	FD1	1	23	2	17
24	FD1 - 1 - 24 - 2Y - 17	FD1	1	24	2	17

说明：1. 双口信息插座左边用"Z"，右边用"Y"标记和区分。

2. FD1 共 24 个信息点。

编制人签字：樊果　　　审核人签字：蔡永亮　　　审定人签字：王公儒

编制单位：西安开元电子实业有限公司　　　　　时间：×××年××月××日

3. 填写机柜编号

图1-1所示的西元综合布线教学模型中2号楼为三层结构，每层有一个独立的楼层管理间，我们从该图中看到，一层的信息点全部布线到一层的这个管理间，而且一层管理间只有1个机柜，图中标记为FD1，该层全部信息点将布线到该机柜，因此，我们就在表格中"机柜编号"栏全部行填写"FD1"。

如果每层信息点很多，也可能会有几个机柜，工程设计中一般按照FD11，FD12等顺序编号，FD1表示一层管理间机柜，后面1、2为该管理间机柜的顺序编号。

4. 填写配线架编号

根据前面的点数统计表，得知西元教学模型一层共设计有24个信息点。设计中一般会使用1个24口配线架，就能够满足全部信息点的配线端接要求了，我们就把该配线架命名为1号，该层全部信息点将端接到该配线架，因此在表格中"配线架编号"栏全部行填写"1"。

当信息点数量超过24个以上时，就会有多个配线架，例如25~48点时，需要2个配线架，我们就把两个配线架分别命名为1号和2号，一般最上边的配线架命名为1号。

5. 填写配线架端口编号

配线架端口编号在生产时都印刷在每个端口的下边，在工程安装中，一般每个信息点对应一个端口，一个端口只能端接一根双绞线电缆。因此我们就在表1-1中的"配线架端口编号"栏从上向下依次填写"1""2"……"24"。

在数据中心和网络中心因为信息点数量很多，经常会用到36口或者48口高密度配线架，我们也是按照端口编号的数字填写。

6. 填写插座底盒编号

在实际工程中，每个房间或者区域往往设计有多个插座底盒，我们对这些底盒也要编号，一般按照顺时针方向从1开始编号。一般每个底盒设计和安装双口面板插座，因此我们就在表格中"插座底盒"栏从上向下依次填写"1"或者"1""2"。

7. 填写房间编号

设计单位在实际工程前期设计图纸中，每个房间或者区域都没有数字或者用途编号，弱电设计时首先给每个房间或者区域编号。一般用2位或者3位数字编号，第一位表示楼层号，第二位或者第二三位为房间顺序号。图2-2西元教学模型中每层只有7个房间，所以就用2位数编号，例如一层分别为"11""12"……"17"。因此，我们就在表1-1中的"房间编号"栏填写对应的房间号数字，11号房间2个信息点我们就在2行中填写"11"。

8. 填写信息点编号

完成上面的七步后，编写信息点编号就容易了。按照图1－8的编号规定，就能顺利完成端口对应表了，把每行第三栏至第七栏的数字或者字母用"－"连接起来填写在"信息点编号"栏。特别注意双口面板一般安装2个信息模块，为了区分这2个信息点，一般左边用"Z"，右边用"Y"标记和区分。为了安装施工人员快速读懂端口对应表，也需要把下面的编号规定作为编制说明设计在端口对应表文件中。

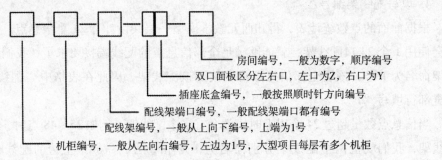

图1－8　信息点编号规定

9. 填写编制人和单位等信息

在端口对应表的下面必须填写"编制人""审核人""审定人""编制单位""日期"等信息，如表1－1所示。

【任务总结】

通过该任务学会了端口对应表的设计，对端口对应表的工程应用有了一定的认识，熟知编制端口对应表的要点和设计步骤，能够独立完成端口对应表的相关设计任务。

练习题

一、填空题

1. 综合布线工程信息点端口对应表应该在____完成。

2. 每个信息点编号必须具有____的编号，编号有顺序和规律，方便施工和维护。

3. 双口面板一般安装2个信息模块，为了区分这2个信息点，一般左边用____，右边用____标记和区分。

二、简答题

1. 简述端口对应表的设计要点，至少说明四点。
2. 简述端口对应表的设计步骤。

实训项目

【实训名称】

端口对应表设计实训。

【实训内容】

按照图 1 - 8 和表 1 - 1 格式编制该网络综合布线系统端口对应表。

【实训步骤】

第一步：文件命名和表头设计。

第二步：设计表格。

第三步：填写机柜编号。

第四步：填写配线架编号。

第五步：填写配线架端口编号。

第六步：填写插座底盒编号。

第七步：填写房间编号。

第八步：填写信息点编号。

第九步：填写编制人和单位等信息。

第十步：打印端口对应表。

【实训点评】

1. 项目名称正确。要求项目名称中必须有"××项目端口对应表"字样。
2. 表格设计合理。要求行、列宽度合适，项目齐全，名称正确。
3. 每个表格文件编号正确。
4. 签字正确。要求填写设计人。
5. 日期正确。

任务三　网络传输线缆的识别与整理

【任务导入】

仓库现有多种类型双绞线电缆和光缆，每类线缆都有 3 种不同颜色的网线，现需要抽出 30 米 3 种颜色的超五类网线，其中每种颜色 3 根，并进行盘线。该如何操作？

【任务分析】

要完成该任务需要熟知网络传输线缆的识别知识，学会其相关整理技能，然后识别出 3 种颜色的超五类网线，每种颜色抽出 3 根 30 米网线，然后进行理线盘线即可。

【任务目标】

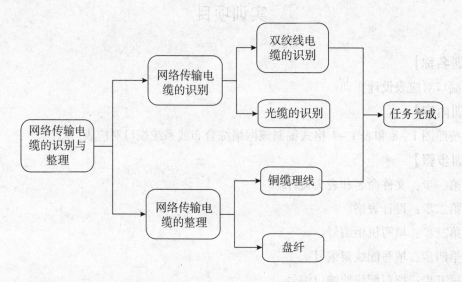

【任务实施】

一、双绞线电缆的识别

（一）双绞线电缆概述

双绞线电缆是由两条绝缘的导线按照一定的规格互相缠绕在一起的一种通信电缆，属于信息通信网络传输介质，双绞线电缆可以传输模拟信号和数字信号。

双绞线电缆是综合布线工程中最常用的传输介质，一般分为屏蔽（Shielded Twisted Pair，STP）和非屏蔽（Unshielded Twisted Pair，UTP）双绞线，每类中又分为五类、超五类、六类、七类等以及大对数电缆等多种型号和规格。图 1-9 为常见双绞线。

超五类非屏蔽电缆　　超五类屏蔽电缆　　六类非屏蔽电缆　　六类屏蔽电缆

图 1-9　常见双绞线

大对数电缆一般分为 25 对、50 对、100 对等，也分为 3 类和 5 类，可以为用户提供更多的可用线对，常用于实现高速数据或者语音通信应用。图 1 – 10 为常见大对数电缆。

图 1 – 10　常见大对数电缆

（二）双绞线电缆的分类

（1）按照线芯绝缘材料分为聚烯烃、聚氯乙烯、含氟聚合物及低烟无卤阻燃热塑性材料绝缘电缆。

（2）按照绝缘形式分为实心绝缘和泡沫绝缘电缆。

（3）按照有无总屏蔽分为无总屏蔽电缆和带总屏蔽电缆。

（4）按照护套材料分为聚氯乙烯、含氟聚合物及低烟无卤阻燃热塑性材料护套电缆。

（5）按照规定的最高传输频率分为 16MHz（3 类）、100MHz（5 类）、双工 100MHz（5e 类）、250MHz（6 类）、500MHz（6A 类）、600MHz（7 类）、1000MHz（7A 类）。

（三）双绞线电缆的型号

国标《数字通信用对绞或星绞多芯对称电缆》（GB/T 18015）规定：每根电缆上应标有制造商名称，必要时还应有制造年份。可使用下列一种方法加上电缆标志：包括着色线和着色带、印字带、缆芯包带上印字、在护套上做标记。

应在每个成品电缆所附的标签上或在产品包装外面给出制造信息，包括电缆型号、制造商名称或专用标志、制造年份、电缆长度，单位米。

电缆型号的表示方法如图 1 – 11 所示。

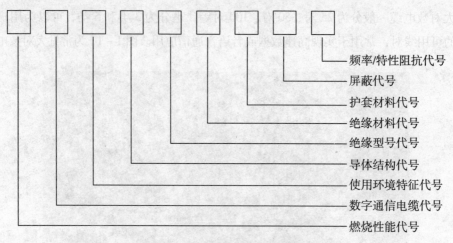

频率/特性阻抗代号
屏蔽代号
护套材料代号
绝缘材料代号
绝缘型号代号
导体结构代号
使用环境特征代号
数字通信电缆代号
燃烧性能代号

图1-11 电缆型号的表示方法

电缆各分类代号如表1-2所示。

表1-2   电缆分类代号

分类方法	类别	代号
数字通信电缆系列	数字通信用对绞或星绞多芯对称电缆系列	HS
使用环境特征	水平层布线电缆	S
	工作区布线电缆	G
	垂直布线电缆	C
导体结构	实芯导体	省略
	绞合导体	R
	铜皮导体	TR
绝缘形式	实心	省略
	泡沫实心皮（或皮—泡—皮）	P
绝缘材料	聚氯乙烯	V
	聚烯烃	Y
	含氟聚合物	F
	低烟无卤热塑性材料	Z
护套材料	聚氯乙烯	V
	聚烯烃	Y
	含氟聚合物	F
	低烟无卤热塑性材料	Z

续　表

分类方法	类别		代号
屏蔽	无屏蔽		省略
	有屏蔽	单对屏蔽	P1
		总屏蔽	P
最高传输频率	16MHz		3
	20MHz		4
	100MHz		5
	100MHz（支持双工）		5e
	250MHz		6
	600MHz		7

（四）双绞线电缆的主要型式及使用场合

双绞线电缆的电缆主要型式及使用场合如表1-3所示。

表1-3　　　　　　　　　　电缆主要型式及使用场合

类别		绝缘型式		
		实心聚烯烃	低烟无卤阻燃聚烯烃	聚全氟乙丙烯
护套型式	聚氯乙烯	HSYV/HSYVP	HSZV/HSZVP	HSWV/HSWVP
	低烟无卤阻燃聚烯烃	HSYZ/HSYZP	HSZZ/HSZZP	—
	含氟聚合物	—	—	HSWW/HSWWP
使用场合		钢管或阻燃硬质PVC管内	除空调通风管道内的其他场合	各种场合均适用

（五）双绞线电缆规格

双绞线电缆规格如表1-4所示。

表1-4　　　　　　　　　　电缆规格

电缆类别	五类、超五类		六类、超六类	七类、超七类
屏蔽类型	非屏蔽	屏蔽	非屏蔽及屏蔽	非屏蔽及屏蔽
导体标称直径（毫米）	0.50	0.52	0.57	0.60
浮动值	±0.01	±0.02	±0.02	±0.03

（六）双绞线电缆的产品标记

产品标记由产品名称、产品型号和标准编号组成。例如按照 YD/T 1019 标准生产的 4 对 0.5mm 线径非屏蔽 5e 类实心聚丙烯绝缘聚氯乙烯护套水平对绞电缆的产品标记为：

水平对绞电缆 HSYV −5E 4X2X0.5 YD/T 1019

（七）双绞线电缆结构

双绞线电缆结构有多种类型，下面介绍常见的双绞线电缆机械结构和对应的实物图。

1. 五类非屏蔽双绞线电缆机械结构

图 1 −12 为五类非屏蔽双绞线电缆机械结构，图 1 −13 为产品实物。

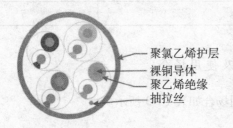

图 1 −12 五类非屏蔽线结构　　　图 1 −13 五类非屏蔽线实物

2. 六类非屏蔽双绞线电缆机械结构

图 1 −14 为六类非屏蔽双绞线电缆机械结构，图 1 −15 为产品实物。

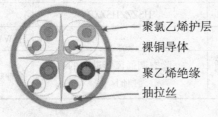

图 1 −14 六类非屏蔽线结构　　　图 1 −15 六类非屏蔽线实物

3. 六类单屏蔽双绞线电缆机械结构

图 1 −16 为六类单屏蔽双绞线电缆机械结构，图 1 −17 为产品实物。

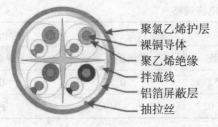

图 1 −16 六类单屏蔽线机械结构　　　图 1 −17 六类单屏蔽线实物

4. 六类双屏蔽双绞线电缆机械结构

图 1−18 为六类双屏蔽双绞线电缆机械结构，图 1−19 为产品实物。

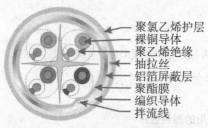

聚氯乙烯护层
裸铜导体
聚乙烯绝缘
抽拉丝
铝箔屏蔽层
聚酯膜
编织导体
拌流线

图 1−18 六类双屏蔽电缆机械结构

图 1−19 六类双屏蔽电缆实物

5. 双绞线大对数电缆机械结构

大对数电缆一般分为 25 对、50 对、100 对等。50 对由 2 根 25 对组成，100 对由 4 根 25 对组成。图 1−20 为 25 对大对数电缆的色谱，图 1−21 为 25 对大对数电缆实物。

白谱：白蓝，白橙，白绿，白棕，白灰
红谱：红蓝，红橙，红绿，红棕，红灰
黑谱：黑蓝，黑橙，黑绿，黑棕，黑灰
黄谱：黄蓝，黄橙，黄绿，黄棕，黄灰
紫谱：紫蓝，紫橙，紫绿，紫棕，紫灰

图 1−20 25 对大对数电缆的色谱

图 1−21 25 对大对数电缆实物

（八）双绞线电缆的导体

导体采用实心铜导体，是裸铜线或者镀锡铜线，如图 1−22 所示。网络跳线使用的软电缆每个导体由 7 根细铜丝组成，如图 1−23 所示。

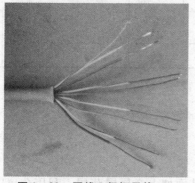

图 1−22 网线 8 根铜导体

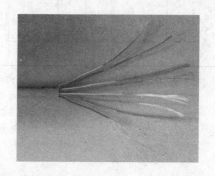

图 1−23 软电缆每根导体由 7 根细铜丝组成

（九）双绞线电缆的绝缘

绝缘材料由适用的热塑性材料组成。常用的适用材料包括聚烯烃、聚氯乙烯、含氟聚合物、低烟无卤阻燃热塑性材料等。绝缘一般是实心绝缘或泡沫绝缘，绝缘一般连续。其中含氟聚合物绝缘一般用于较高的温度环境。

（十）双绞线电缆的线对和色谱

线对结构由分别称作 a 线和 b 线的两根绝缘导线均匀地绞合成线对，每组线对的绞绕节距不同。线对优先采用的颜色色序如表 1-5 所示。

表 1-5　　　　　　　　　　　优先采用的颜色色序

线对序号		标志颜色	线对序号		标志颜色	线对序号		标志颜色	线对序号		标志颜色	线对序号		标志颜色
1	a	白（蓝）	6	a	红（蓝）	11	a	黑（蓝）	16	a	黄（蓝）	21	a	紫（蓝）
	b	蓝		b	蓝		b	蓝		b	蓝		b	蓝
2	a	白（橙）	7	a	红（橙）	12	a	黑（橙）	17	a	黄（橙）	22	a	紫（橙）
	b	橙		b	橙		b	橙		b	橙		b	橙
3	a	白（绿）	8	a	红（绿）	13	a	黑（绿）	18	a	黄（绿）	23	a	紫（绿）
	b	绿		b	绿		b	绿		b	绿		b	绿
4	a	白（棕）	9	a	红（棕）	14	a	黑（棕）	19	a	黄（棕）	24	a	紫（棕）
	b	棕		b	棕		b	棕		b	棕		b	棕
5	a	白（灰）	10	a	红（灰）	15	a	黑（灰）	20	a	黄（灰）	25	a	紫（灰）
	b	灰		b	灰		b	灰		b	灰		b	灰

注：表中括号内的标志颜色为色环或色条的颜色。

（十一）双绞线电缆的屏蔽

1. 屏蔽的概念

屏蔽技术是在普通非屏蔽布线系统的外面加上金属屏蔽层，利用金属屏蔽层的反射、吸收及趋肤效应实现防止电磁干扰及电磁辐射的功能。

由于缆线外覆盖一层金属屏蔽层，当外界存在电场时，金属屏蔽层上的自由电子受到电场力的作用发生移动，不再均匀分布。移动的结果是屏蔽层上的自由电子聚集产生一个反向的电场，与外界电场相抵消，因此屏蔽层内不会受到外界电场的干扰。同理，屏蔽层内部的线缆中电流产生的电场也不会释放到屏蔽层以外。

屏蔽层按类型分为丝网和铝箔，图1-24为丝网屏蔽层，图1-25为铝箔屏蔽层。

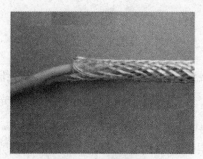

图1-24 丝网屏蔽层

图1-25 铝箔屏蔽层

2. 屏蔽双绞线的类型

（1）F/UTP屏蔽双绞线

F/UTP铝箔屏蔽双绞线是传统的屏蔽双绞线，主要用于将8芯双绞线与外部电磁场隔离，对线对之间电磁干扰没有作用。

F/UTP双绞线在8芯双绞线外层包裹了一层铝箔。即在8根芯线外、护套内有一层铝箔，在铝箔的导电面上铺设了一根接地导线。

F/UTP双绞线主要用于五类、超五类，在六类中也有应用。

（2）U/FTP屏蔽双绞线

U/FTP屏蔽双绞线的屏蔽层，同样由铝箔和接地导线组成，所不同的是：铝箔层分4张，分别包裹4个线对，切断了每个线对之间电磁干扰途径。因此，它除了可以抵御外来的电磁干扰外，还可以对抗线对之间的电磁干扰。

U/FTP线对屏蔽双绞线来自7类双绞线，主要用于六类屏蔽双绞线，也可以用于超5类屏蔽双绞线。

（3）SF/UTP屏蔽双绞线

SF/UTP屏蔽双绞线的总屏蔽层为铝箔加铜丝网，它不需要接地导线作为引流线；铜丝网具有很好的韧性，不易折断，因此它本身就可以作为铝箔层的引流线，万一铝箔层断裂，丝网将起到将铝箔层继续连接的作用。

SF/UTP双绞线在4个双绞线的线对上，没有各自的屏蔽层。因此，它属于只有综合屏蔽层的屏蔽双绞线。

F/UTP双绞线主要用于五类、超五类，在六类屏蔽双绞线中也有应用。

（4）S/FTP屏蔽双绞线

S/FTP屏蔽双绞线属于双重屏蔽双绞线，它是应用于7类屏蔽双绞线的线缆产品，也用于六类屏蔽双绞线。

二、光缆的识别

(一) 光纤

1. 光纤概述

光纤是一种将信息从一端传送到另一端的媒介，是一条玻璃或塑胶纤维作为让信息通过的传输媒介。光纤和同轴电缆相似，只是没有网状屏蔽层。中心是光传播的玻璃芯。在多模光纤中，芯的直径是 $15 \sim 50 \mu m$，大致与人的头发的粗细相当。而单模光纤芯的直径为 $8 \sim 10 \mu m$。芯外面包围着一层折射率比芯低的玻璃封套，以使光纤保持在芯内。再外面的是一层薄的塑料外套，用来保护封套。光纤通常被扎成束，外面有外壳保护。纤芯通常是由石英玻璃制成的横截面积很小的双层同心圆柱体，它质地脆，易断裂，因此需要外加一个保护层。

2. 光纤的结构

光纤是传光的纤维波导或光导纤维的简称。其典型结构是多层同轴圆柱体，如图 1 -26 所示，自内向外为纤芯、包层和涂覆层。

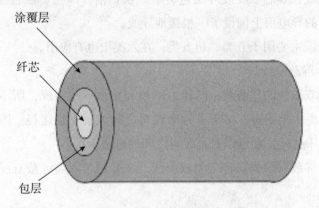

图 1 -26 光纤的结构

核心部分是纤芯和包层，其中纤芯由高度透明的材料制成，是光波的主要传输通道，包层的折射率略小于纤芯，使光的传输性能相对稳定。纤芯粗细、纤芯材料和包层材料的折射率，对光纤的特性起决定性影响。涂覆层包括一次涂覆、缓冲层和二次涂覆，起保护光纤不受水汽的侵蚀和机械的擦伤，同时又增加光纤的柔韧性，起着延长光纤寿命的作用。由纤芯和包层组成的光纤称为裸纤。熔接时，放在 V 形槽内的就是裸纤。

3. 单模与多模光纤

根据光纤中传输模式的多少，可分为单模光纤和多模光纤两类。模式实际上就是光纤中一种电磁场场型结构分布形式。不同的模式有不同的电磁场场型。

（1）单模光纤

单模光纤只能传输一个最低模式的光纤，其他模式均被截止。单模光纤的纤芯直径较小，为 4～10μm 范围内，通常纤芯中折射率的分布认为是均匀分布的。由于单模光纤只传输基模，从而完全避免了模式色散，使传输带宽大大加宽。因此，它适用于大容量、长距离的光纤通信。这种光纤特点是信号衰减小。

单模光纤工作在长波长（1310nm 和 1550nm），单模光纤的纤芯直径为 9μm，包层直径 125μm，表示为 9/125μm。1310nm 的损耗一般为 0.35dB/km，1550nm 的损耗一般为 0.20dB/km。国际电信联盟标准规定，室内单模光缆的外护层颜色为黄色。

（2）多模光纤

多模光纤是指可以传输多种模式的光纤，即光纤传输的是一个群模。多模光纤的纤芯直径为 50μm 或 62.5μm，由于模式色散的存在会使多模光纤的带宽变窄，但是其制造、耦合、连接都比单模光纤容易和成本较低。

多模光纤工作在 850nm 或 1300nm，多模光纤的纤芯直径为 50μm 或 62.5μm，包层直径 125μm，表示为 50/125μm 或 62.5/125μm。850nm 的损耗一般为 2.5dB/km。国际电信联盟标准规定，室内多模光缆的外护层颜色为橙色。

（二）光纤与光缆的区别

通常光纤与光缆两个名词会被混淆，光纤在实际使用前外部由几层保护结构包覆，包覆后的缆线即被称为光缆。外层的保护结构可防止糟糕环境对光纤的伤害，如水、火、电击等。光缆包括：光纤、缓冲层及披覆。

（三）光缆

1. 光缆概述

光导纤维是一种传输光束的细而柔韧的媒质。光导纤维电缆由一捆纤维组成，简称为光缆，如图 1-27 所示。光缆是数据传输中最有效的一种传输介质。

图 1-27　光缆

光纤通常是由石英玻璃制成，其横截面积很小的双层同心圆柱体，也称为纤芯，它质地脆，易断裂，由于这一缺点，需要外加一保护层。其结构如图 1-28 所示。

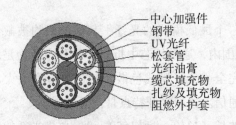

中心加强件
钢带
UV光纤
松套管
光纤油膏
缆芯填充物
扎纱及填充物
阻燃外护套

图 1-28　光缆结构

光缆是数据传输中最有效的一种传输介质，它有以下四个优点。

（1）较宽的频带。

（2）电磁绝缘性能好。光纤电缆中传输的是光束，而光束是不受外界电磁干扰影响的，而且本身也不向外辐射信号，因此它适用于长距离的信息传输以及要求高度安全的场合。

（3）衰减较小。

（4）中继器的间隔距离较大，因此整个通道中继器的数目可以减少，这样可降低成本。而同轴电缆和双绞线在长距离使用中就需要接中继器。

2. 光缆的分类

光缆结构的主旨在于保护内部光纤，不受外界机械应力和水、潮湿的影响。因此光缆设计、生产时，需要按照光缆的应用场合、敷设方法设计光缆结构。不同材料构成了光缆不同的机械、环境特性，有些光缆需要使用特殊材料从而达到阻燃、阻水等特殊性能。光缆可根据不同分类方法加以区分，通常的分类方法有：

（1）按照应用场合分为室内光缆、室外光缆、特种光缆等。室外光缆的抗拉强度较大，保护层较厚重，并且通常采用金属铠装包裹。

（2）按照敷设方式分为架空光缆、直埋光缆、管道光缆、隧道光缆、水底光缆等。

（3）按照缆芯结构分为层绞式光缆、中心管式光缆、骨架式光缆、带状结构光缆、单芯结构光缆等。

3. 室内光缆

室内光缆可能会同时用于话音、数据、视频、遥测和传感等。由于室内环境比室外要好得多，一般不需要考虑自然的机械应力和雨水等因素，所以多数室内光缆是紧套、干式、阻燃、柔韧型的光缆，但是，由于光缆布放在用户端的区域或者室内，主要由用户使用，因此对其易损性应给予更积极的关注。图 1-29 即为室内光缆。

室内光缆通常由光纤，加强件和护套组成，其结构如图 1-30 所示。

图 1 – 29　室内光缆　　　　　图 1 – 30　12 芯室内光缆典型结构

对于特定场所的光缆需求，也可以选择金属铠装、非金属铠装的室内光缆，这种光缆松套和紧套的结构都有，类似室外光缆结构，其机械性能要优于无铠装结构的室内光缆，主要用于环境、安全性要求较高的场所，通常如图 1 – 31 所示结构。

4. 室外光缆

室外光缆的抗拉强度较大，保护层较厚重，并且通常为铠装（即金属皮包裹）。如图 1 – 32 和图 1 – 33 所示，分别为室外单模光缆和室外多模光缆。

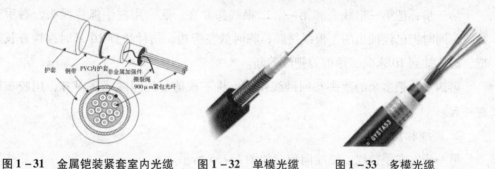

图 1 – 31　金属铠装紧套室内光缆　　图 1 – 32　单模光缆　　图 1 – 33　多模光缆

5. 松套管全介质无凝胶光缆

2013 年 WSC2013 – TP02 项目使用了 48 芯松套管全介质无凝胶光缆，也称为干式光缆，如图 1 – 34 所示。例如 48 芯单模（OS2）光缆，专为室外和室内环境校园骨干网的架空和管道安装使用而设计，开缆简单和环保，并有中密度聚乙烯护套，坚固，耐用，易剥离。

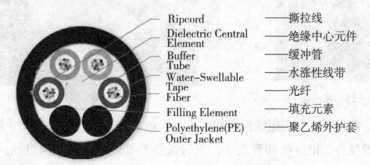

图 1 – 34　松套管全介质无凝胶光缆

三、铜缆理线的方法

在建筑物综合布线工程中，经常需要把多根缆线穿入一根钢管，要求在穿线时，多根缆线不能缠绕或者打结，否则无法正常穿线。网线都采用整轴或者整箱盘绕的方式包装，当把缆线从整箱中抽出时，都会自然缠绕在一起，因此在穿线前都需要理线。

下面介绍在 2 平方米空间内，如何从 1 箱中抽出 3 根 10 米网线和理线。

1. 抽线

第一步：抽线前，首先看清楚线头长度标记，然后左手抓住线头，右手连续抽线，把抽出的线临时放在旁边，估计快到 10 米时，检查长度标记，最后确认抽到 10 米时，用剪刀把线剪断。注意把长度标记保留在没有抽出的线端。

第二步：把第二根线头和第一根线头并在一起，用左手抓住线头，右手连续抽线，同时把已经抽出的 2 根线捋顺，临时放在旁边，估计快到 10 米时，检查长度标记，确认抽到 10 米时，用剪刀把线剪断。

第三步：把第三根线头和第一、二根线头并在一起，用左手抓住线头，右手连续抽线，同时把已经抽出的 3 根线捋顺，临时放在旁边，估计快到 10 米时，检查长度标记，确认抽到 10 米时，用剪刀把线剪断。

第四步：把多余的线头塞回网线箱内，将三根剪好的网线线头对齐，用胶布绑扎在一起。

2. 理线和盘线

第一步：左手持线，线端向前。如图 1 – 35 所示。

第二步：根据需要的线盘直径，右手手心向下，把线捋直约 1 米，向前画圈，同时右手腕和手指向上旋转网线，消除网线的缠绕力，把线收回到左手，保持线盘平整，完成第一圈盘线。如图 1 – 36 所示。

图 1 – 35 　第一步

图 1 – 36 　第二步

第三步：右手手心向上把线捋直约 1 米，向前画圈，同时右手腕和手指向下旋转，消除网线的缠绕力，把线收回到左手，保持线盘平整，完成第二圈盘线。如图 1 – 37 所示。

第四步：重复上面的步骤进行理线和盘线。

至此，就完成了铜缆理线和盘线的操作，这样整理的线盘，在后续穿线时，网线会一圈一圈地自然打开，线头向前走，线尾不动，也不会缠绕。如图1－38所示。

图1－37 第三步   图1－38 第四步

四、盘纤的方法

盘纤是一门技术，也是一门艺术。科学的盘纤方法，可使光纤布局合理、附加损耗小、经得住时间和恶劣环境的考验，可避免因挤压造成的断纤现象。

（一）盘纤规则

（1）沿松套管或光缆分歧方向为单元进行盘纤，前者适用于所有的接续工程；后者仅适用于主干光缆末端且为一进多出。分支多为小对数光缆。该规则是每熔接和热缩完一个或几个松套管内的光纤、或一个分支方向光缆内的光纤后，盘纤一次。优点是避免了光纤松套管间或不同分支光缆间光纤的混乱，使之布局合理、易盘、易拆，更便于日后维护。

（2）以预留盘中热缩管安放单元为单位盘纤，此规则是根据接续盒内预留盘中某一小安放区域内能够安放的热缩管数目进行盘纤。避免了由于安放位置不同而造成的同一束光纤参差不齐、难以盘纤和固定，甚至出现急弯、小圈等现象。

（3）特殊情况，如在接续中出现光分路器、上/下路尾纤、尾缆等特殊器件时要先熔接、热缩、盘绕普通光纤，再依次处理上述情况，为了安全常另盘操作，以防止挤压引起附加损耗的增加。

（二）盘纤的方法

（1）先中间后两边，即先将热缩后的套管逐个放置于固定槽中，然后再处理两侧余纤。优点：有利于保护光纤接点，避免盘纤可能造成的损害。在光纤预留盘空间小、光纤不易盘绕和固定时，常用此种方法。

（2）从一端开始盘纤，固定热缩管，然后再处理另一侧余纤。优点：可根据一侧余纤长度灵活选择铜管安放位置，方便、快捷，可避免出现急弯、小圈现象。

（3）特殊情况的处理，如个别光纤过长或过短时，可将其放在最后，单独盘绕；带有特殊光器件时，可将其另一盘处理，若与普通光纤共盘时，应将其轻置于普通光纤之上，两者之间加缓冲衬垫，以防止挤压造成断纤，且特殊光器件尾纤不可太长。

（4）根据实际情况采用多种图形盘纤。按余纤的长度和预留空间大小，顺势自然盘绕，且勿生拉硬拽，应灵活地采用圆、椭圆、"CC"、"～"多种图形盘纤（注意$R \geqslant$ 4厘米），最大限度利用预留空间和有效降低因盘纤带来的附加损耗。

【任务总结】

通过学会并熟知双绞线电缆和光缆的识别知识，能够运用所学完成网络传输电缆的识别；学会铜缆理线的操作和盘纤的基本方法，能够运用所学完成网络传输电缆的整理。

练习题

一、填空题

1. 在通信线路上使用的传输介质有：双绞线、____、光缆。
2. 6类双绞线的传输频率是____MHz。
3. 根据光纤中传输模式的多少，可分为单模光纤和____两类。
4. 按照应用场合分为室内光缆、室外光缆、____等。

二、简答题

1. 光缆通常如何分类？请具体说明。
2. 16根超五类双绞线该如何进行理线？

实训项目

【实训名称】

铜缆理线操作。

【实训内容】

反复进行1根电缆和多根电缆的抽线、理线和盘线方法训练。

【实训步骤】

第一步：左手持线，线端向前，如图1-39所示。

第二步：右手先把线掯直约1米，再向前画圈，同时使线向上翻转，并收回到左手，完成第一圈盘线，如图1-40所示。

第三步：右手先把线掯直约1米，再向前画圈，同时使线向下翻转，并收回到左手，完成第二圈盘线，如图1-41所示。

然后重复上面的步骤，完成盘线工作。在盘线过程中，注意通过右手腕和手指的上下反复旋转，消除网线的缠绕力，始终保持线盘平整。

图1-39　左手持线线端向前　　图1-40　向前画圈，使线　　图1-41　再向前画圈，
　　　　　　　　　　　　　　　　　　　　向上翻转　　　　　　　　使线向下翻转

【实训点评】

1. 操作时候要注意右手腕和手指的旋转动作。向上旋转网线，然后向下旋转网线，一正一反进行。

2. 在盘线过程中，注意通过右手腕和手指的上下反复旋转，消除网线的缠绕力，始终保持线盘平整。

3. 如果线盘不平整，可以通过右手腕和手指的旋转角度调整，始终保持线盘的平整。

4. 熟练掌握电缆抽线、理线、盘线方法，反复训练，做到抽线顺畅，盘线不打结。

任务四　水晶头的端接

【任务导入】

现需要制作网络跳线10根，并且跳线测试合格。其中包含超五类和六类跳线，线序和长度有指定要求。该如何制作？

【任务分析】

要完成该任务，需要熟知双绞线电缆的剥线方法和水晶头的结构和工作原理，学会超五类水晶头和六类水晶头以及四件套组合水晶头等方面的制作技能，然后根据实际要求制作网络跳线即可。

【任务目标】

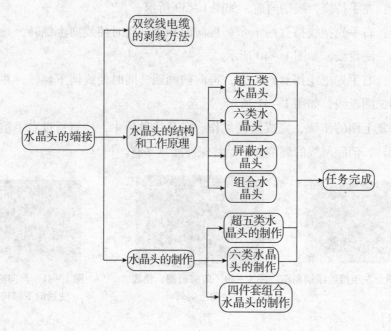

【任务实施】

一、双绞线电缆的剥线方法

（一）常用剥线工具

双绞线电缆端接时，首先需要剥除外护套，必须使用专业工具。图1-42为旋转剥线器，适合剥除各种直径的双绞线电缆、同轴电缆等，使用前必须根据线缆外径调整刀片高度。图1-43为简易剥线器，虽然使用方便，但是寿命较短。图1-44为电缆剥皮器，适合剥除直径8毫米以上的屏蔽电缆、大对数电缆等。

图1-42 旋转剥线器　　图1-43 简易剥线器　　图1-44 电缆剥皮器

（二）双绞线电缆的剥除方法

由于剥线器可用于剥除多种直径的网线护套，每个厂家的网线护套直径也不相同，因此使用前必须调整剥线器刀片进深高度，保证在剥除网线外护套时，不划伤导线绝缘层或者铜导体。切割网线外护套时，刀片切入深度应控制在护套厚度的60%～90%，而不是彻底切透。

第一步：剥除网线外护套。

首先将网线放入剥线器中，顺时针方向旋转剥线器 1~2 周，然后用力取下护套，因为刀片没有完全将护套划透，因此不会损伤线芯，如图 1-45 和图 1-46 所示。注意电缆沿轴线方向取下护套，不要太大的弯曲，避免破坏电缆双绞线的结构。

剥除护套的长度宜为 20~40 毫米，如果剥除护套太长，端接时拆开线对比较费时，如果剥除护套太短，捋直线对会比较困难。

图 1-45 使用剥线工具剥线

图 1-46 剥开外绝缘护套

第二步：剪掉撕拉线。用剪刀剪掉撕拉线。六类线还需要剪掉中间的十字骨架。这样就完成了双绞线电缆的剥线操作。

二、水晶头的结构和工作原理

（一）超五类水晶头

下面介绍超五类水晶头的机械结构和工作原理。

图 1-47 所示为 RJ45 水晶头，每个水晶头由 9 个零件组成，包括 1 个插头体和 8 个刀片。同时每个水晶头配套一个塑料护套，如图 1-48 所示。

图 1-47 水晶头实物照片

图 1-48 水晶头护套实物照片

（1）如图 1-49 所示，插头体由透明塑料一次注塑而成，常见的插头体高 13 毫米，宽 11 毫米，长 22 毫米。如图 1-50 所示，插头体中安装有 8 个刀片，每个刀片高度为 4 毫米，宽度为 3.5 毫米，厚度为 0.3 毫米。

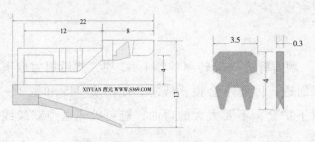

图 1 - 49　插头体结构图（五类）　　　　　　图 1 - 50　刀片结构

（2）插头体下边有一个弹性塑料限位手柄，弹性塑料手柄的结构如图 1 - 51 所示，手柄上有个卡装结构，用于将水晶头卡在 RJ45 接口内。安装时，压下手柄，能够轻松插拔水晶头；松开手柄，水晶头就卡装在 RJ45 接口内，保证可靠的连接。

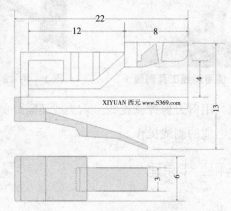

图 1 - 51　弹性塑料手柄结构

（3）插头体的右端设计有三角形塑料压块，压接水晶头前，三角形塑料压块没有向下翻转，位置如图 1 - 51 所示，此时，插头体右端插入网线的入口尺寸为高 4 毫米，宽 9 毫米，网线可以轻松插入。

（4）如图 1 - 52 所示，水晶头压接时，三角形塑料压块向下翻转，卡装在水晶头内，将网线的护套压扁固定。这时，插头体右端的入口高度变为 2 毫米。图 1 - 53 为水晶头压接后实物照片。

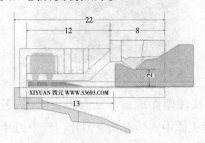

图 1 - 52　水晶头压接结构

图 1 - 53　水晶头压接后实物照片

（5）插头体中间有 8 个限位槽，每个限位槽的尺寸稍微大于线芯直径，刚好安装 1 根线芯，防止两根线芯同时插入一个限位槽中。

特别注意，五类、超五类水晶头的 8 个限位槽并排排列，如图 1 – 54 所示。

（6）如图 1 – 55 所示，插头体 8 个限位槽上方，分别安装有 8 个刀片，刀片突出插头体表面约 1 毫米。图 1 – 55 为五类水晶头压接前刀片位置。

图 1 – 54　五类水晶头限位槽结构

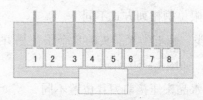

图 1 – 55　五类水晶头压接前刀片位置

（7）如图 1 – 56 所示，压接后 8 个刀片分别划破绝缘层插入 8 个铜线导体中，实现刀片与铜线的长期可靠连接，实现电气连接功能，图 1 – 56 为五类水晶头压接后刀片位置，此时刀片上端低于插头体表面，刀片下端已经划破网线绝缘层，插入铜导线中了。

（8）如图 1 – 57 所示，刀片材料为高硬度钢材制造，硬度远远大于铜导体，表面镀金或镀铜处理，刀片前端设计有 2 个针刺。

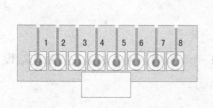

图 1 – 56　五类水晶头压接后刀片位置

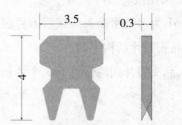

图 1 – 57　五类水晶头刀片结构

（9）如图 1 – 58 所示，压接时刀片下端的针刺首先穿透外绝缘层，然后扎入铜导体中，实现电气可靠连接。

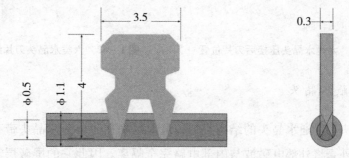

图 1 – 58　刀片针刺扎入铜导体结构（五类）

通过对水晶头机械结构的了解，我们就掌握了水晶头的工作原理，这就是用 8 个刀片针刺穿透网线绝缘层，扎入 8 个铜导体可靠连接，实现电气连接。

（二）六类水晶头

六类水晶头和超五类水晶头结构表面看起来大体相似，其实有很大不同。

1. 限位槽排列方式不同

五类、超五类水晶头的 8 个限位槽并排排列，但六类水晶头的 8 个限位槽上下两排排列，如图 1-59 所示。

2. 水晶头压接前刀片位置不同

图 1-60 为六类水晶头压接前刀片位置。

图 1-59　六类水晶头限位槽结构

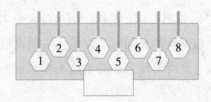

图 1-60　六类水晶头压接前刀片位置

3. 水晶头压接后刀片位置不同

图 1-61 为六类水晶头压接后刀片位置。

4. 水晶头刀片结构不同

六类水晶头刀片前端设计有 3 个针刺，如图 1-62 所示。五类水晶头刀片前端设计有 2 个针刺。

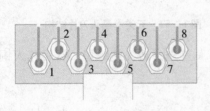

图 1-61　六类水晶头压接后刀片位置

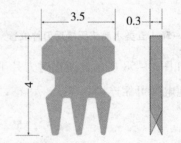

图 1-62　六类水晶头刀片结构

（三）屏蔽水晶头

屏蔽水晶头与普通水晶头的结构类似，最大区别在于屏蔽水晶头带有金属屏蔽外壳，通过屏蔽外壳将外部电磁波与内部电路完全隔离。因此它的屏蔽层需要与模块以及传输线缆等综合布线系统的屏蔽层连接后，形成完整的屏蔽结构。屏蔽外壳一般保证在插入模块后裸露的四个面全部被金属屏蔽外壳完全包裹，只有水晶头插入部分和插入双绞线部分没有完全封闭。

常见屏蔽外壳的材料有铝、铜、塑料镀金属等，它是防护电磁干扰的屏障，因此屏蔽水晶头的抗干扰性能优于非屏蔽水晶头，如图 1-63 所示。

图 1-63 屏蔽水晶头

（四）组合水晶头

组合水晶头一般是为了保证高质量的连接可靠性及安全防护性能设计的，不同厂家的产品略有不同，如图 1-64 所示，为三件套水晶头，每套包括分线器、理线器、水晶头三件。如图 1-65 所示，为四件套水晶头，每套包括分线器、水晶头、理线器、护套四件。如图 1-66 所示，为五件套水晶头，每套包括铁环、支架、水晶头、支架盖、卡线架五件。

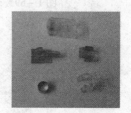

图 1-64 三件套水晶头　　　图 1-65 四件套水晶头　　　图 1-66 五件套水晶头

三、超五类水晶头的制作

（一）水晶头端接线序

TIA/EIA -568 美国标准规定的 RJ45 水晶头端接常用线序，分为 TIA/EIA -568 - A 线序，如图 1-67 所示，TIA/EIA -568 - B 线序，如图 1-68 所示。

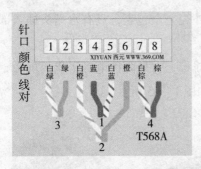

图1-67　T568A 线序色谱

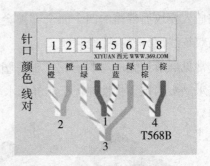

图1-68　T568B 线序色谱

（二）水晶头端接工具和材料

（1）剥线钳1把，剥除网线外护套，使用时工具旋转，网线不旋转，如图1-69所示。

（2）RJ45 口网络压线钳1把。压接 RJ45 水晶头，如图1-70所示。

（3）水晶头若干个，如图1-71所示。

（4）护套若干个，如图1-72所示。

（5）双绞线若干根，实训耗材。

图1-69　剥线钳

图1-70　压线钳

图1-71　水晶头

图1-72　护套

（三）超五类水晶头的制作

第一步：剥开外绝缘护套和拆开4对双绞线。先将已经剥去绝缘护套的4对单绞线分别拆开相同长度，将每根线轻轻捋直。

第二步：将8根线按照568B线序（白橙，橙，白绿，蓝，白蓝，绿，白棕，棕）排好线序，如图1-73和图1-74所示，并将8根线端头一次剪掉，留13毫米长度，从线头开始，至少10毫米导线之间不应有交叉，如图1-75所示。

注意：初学者按照视频方法，把四对双绞线拆成十字形，绿线对准自己，蓝线朝外，按照蓝、橙、绿、棕逆时针方向顺序排列，如图1-76所示。

图1-73 568B 线序　图1-74 排好568B 线序　图1-75 剪齐双绞线　图1-76 理线顺序

第三步：插入 RJ45 水晶头，并用压线钳压接。将双绞线插入 RJ45 水晶头内，如图1-77 所示。注意一定要插到底，如图1-78 所示。水晶头三角压块必须翻转后压紧护套，如图1-79 所示。

  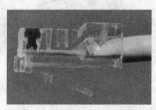

图1-77 8芯线并排插入水晶头　图1-78 双绞线插到底　图1-79 压块翻转后压紧护套

四、六类水晶头的制作

六类网线必须端接六类水晶头，从外观来看看六类水晶头8个限位槽分为上下两层，上排4芯，下排4芯，目的是尽可能增加线芯之间的距离，降低串扰影响，如图1-80 所示。

图1-80 6 类水晶头

六类非屏蔽水晶头的制作方法和步骤如下：

第一步：按照产品说明书规定，剥去网线外绝缘护套 25～30 毫米，如图1-81 所示。

第二步：剪去十字骨架，如图1-82 所示。

第三步：分开四对线并且安装分线器，如图1-83 所示。

第四步：按照 568B 线序理线，如图1-84 所示。

第五步：安装单排理线器，固定线序和位置，如图1-85 所示。

第六步：沿理线器端头剪掉线头，如图1-86 所示。

第七步：插入水晶头，如图1-87 所示。

第八步：压接水晶头，如图 1-88 所示。

图1-81　剥去外绝缘护套　图1-82　剪去十字骨架　图1-83　安装分线器　图1-84　理线

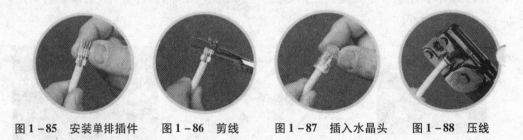

图1-85　安装单排插件　　图1-86　剪线　　　图1-87　插入水晶头　　图1-88　压线

五、四件套组合水晶头的制作

第一步：将护套穿入已经裁好的网线，如图 1-89 所示。

第二步：使用剥线器，沿网线外护套，顺时针方向旋转一周，剥除 30 毫米的外护套，剥除长度按照产品说明书规定。特别注意，剥除外护套前，需要根据网线直径，调整剥线器刀片高度，保证不能损伤线芯和屏蔽层，如图 1-90 所示。

第三步：首先拆开铝箔屏蔽层和塑料纸，然后用剪刀剪掉牵引线、铝箔屏蔽层和塑料纸。注意保留接地线，不得剪断，如图 1-91 所示。

第四步：拆开 4 对双绞线。首先把绿线对中自己，然后把四对双绞线拆成十字形，按照蓝、橙、绿、棕逆时针方向顺序排列，如图 1-92 所示。

图1-89　穿入护套　　　图1-90　剥线　　　图1-91　剪掉撕拉线、
　　　　　　　　　　　　　　　　　　　　　　　　铝箔和塑料纸

第五步：将每对网线分别拆开，并把 8 芯线分别捋直。

第六步：首先将金属分线器插入 8 芯线中间，注意：把分线器的凹口向上，有 Y 槽面朝向自己。然后把白绿线和绿线压入分线器的 Y 槽内，白绿线在左，绿线在右。其次把白蓝线和蓝线压入分线器的 I 槽内，蓝线在左，白蓝线在右。再次把白橙线和橙线压入分线器的左槽内，白橙线在左，橙线在右。最后把白棕线和棕线压入分线器的右槽内，白棕线在左，棕线在右。这样就完成了分线工作，8芯线按照568B线序整齐排列。如图1-93所示。

第七步：首先将线端剪齐，注意剪成斜角，方便穿线。然后，将8芯线插入塑料理线器。注意：理线器一面有刀口和箭头标志，因此必须将理线器，有箭头的一面朝向自己，按照箭头方向插入8芯线。嵌入到金属分线器的凹口内。沿塑料分线器的端头把8芯线剪掉。如图1-94所示。

图1-92　拆开4对线　　　　图1-93　分线　　　　图1-94　插入理线器

第八步：首先把水晶头有刀片的一面朝向自己，将网线插入。注意把网线插到底，接地线不能插入。然后，把水晶头放入压线钳进行压接。如图1-95所示。

第九步：将接地线折叠到网线护套外边，用尖嘴钳把水晶头的屏蔽层与网线固定，剪掉多余的接地线。注意：接地线必须放在屏蔽层下边，网线与水晶头保持直线。如图1-96所示。

第十步：将护套向前插入水晶头，护套上的两孔卡入水晶头上的两个凸台中，这样就完成了水晶头的制作。如图1-97所示。

 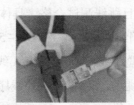 

图1-95　压接　　　　图1-96　固定屏蔽套　　　　图1-97　安装护套

【任务总结】

通过该任务的学习，能够学会水晶头的结构和工作原理，熟知并掌握网络线的色谱、剥线方法、预留长度和压接顺序；能够熟知学会制作各种水晶头和网络跳线的制作方法和技巧。

练习题

一、填空题

1. 切割网线外护套时，刀片切入深度应控制在护套厚度的____，而不是彻底切透剥除护套的长度宜为____毫米。

2. RJ45 水晶头，每个水晶头由 9 个零件组成，包括____个插头体和____个刀片。同时每个水晶头配套一个塑料护套。

3. 568B 线序为_____。

4. 五类、超五类水晶头的 8 个限位槽____排列，但六类水晶头的 8 个限位槽____排列。

二、简答题

1. 简述双绞线电缆的剥线方法。
2. 简述超五类水晶头的制作。
3. 简述六类水晶头的制作。
4. 简述四件套组合水晶头的制作。

实训项目

【实训名称】

网络跳线制作和测试实训

【实训内容】

制作网络跳线 10 根，并且跳线测试合格。具体要求如下：

（1）2 根超五类非屏蔽铜缆网线跳线，568B–568B 线序，长度 500 毫米；

（2）根超五类非屏蔽铜缆跳线，568A–568A 线序，长度 400 毫米；

（3）根超五类屏蔽铜缆跳线，568B–568B 线序，长度 500 毫米；

（4）根六类非屏蔽铜缆跳线，568B–568B 线序，长度 500 毫米；

（5）根六类非屏蔽铜缆跳线，568A–568A 线序，长度 400 毫米。

【实训步骤】

第一步：按照要求准备材料。超五类非屏蔽网线 2 米、超五类屏蔽网线 1 米、六类非屏蔽网线 2 米，超五类非屏蔽水晶头 8 个、超五类屏蔽水晶头 4 个、六类非屏蔽水晶头 8 个。

第二步：剥开双绞线一端外绝缘护套。

第三步：剪掉牵引线。

第四步：拆开 4 对双绞线和 8 芯线排好线序。

第五步：剪齐线端。

第六步：插入 RJ45 水晶头。

第七步：压接。

第八步：重复第二步至第七步制作另一端水晶头端接。

第九步：网络跳线测试。

【实训点评】

质量要求：

1. 跳线制作长度误差控制在 ±5 毫米以内。

2. 线序正确。

3. 压接护套到位。

4. 剪掉牵引线。

5. 符合 GB 50312 规定，跳线测试合格。

任务五　网络模块、语音模块的端接

【任务导入】

现需要完成网络模块和语音模块的端接，并且要求连接跳线测试合格。该如何操作?

【任务分析】

要完成该任务，需要熟知网络模块的结构和学会网络模块的端接方法，需要熟知语音模块的结构和学会语音模块的端接方法，然后根据所学即可完成。

【任务目标】

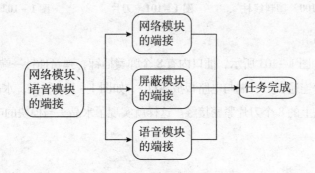

【任务实施】

一、网络模块的端接

（一）网络模块的结构

各种网络电缆模块的机械结构与电气工作原理基本相同或者类似，我们以超五类非屏蔽免打网络电缆模块为例，详细介绍其机械结构和电气工作原理。

1. 网络电缆模块的机械结构

如图 1-98 和图 1-99 所示，外形尺寸为：长 31 毫米，宽 19 毫米，高 19 毫米。每个模块由 5 个部分组成，分别是塑料线柱、刀片、水晶头插口、电路板、压盖。

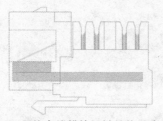

图 1-98　网络电缆模块机械结构示意　　　图 1-99　网络电缆模块实物

2. 塑料线柱和刀片

塑料线柱的结构如图 1-100 所示，每个线柱内镶嵌一个刀片，如图 1-101 所示，刀片长 12 毫米，宽 4 毫米。刀片下端固定在电路板上，上端镶嵌在塑料线柱中，如图 1-102 所示。当线芯压入塑料线柱时，被刀片划破绝缘层，夹紧铜导体，实现电气连接功能。

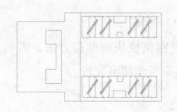

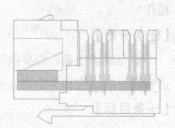

图 1-100　塑料线柱　　　图 1-101　刀片　　　图 1-102　刀片位置

3. 水晶头插口

水晶头插口如图 1-103 所示，插口内有 8 个弹簧插针，弹簧插针一端固定在电路板上，通过电路板与刀片连通，另一端与电路板成 30 度。如图 1-104 所示，水晶头插入后，8 个弹簧插针与水晶头上的 8 个刀片紧密接触。这样就实现了水晶头与模块的电气连接。

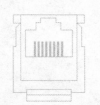
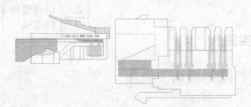

图 1-103　水晶头插口　　　图 1-104　水晶头与模块连接示意

4. 压盖

每个模块配套一个塑料压盖，如图 1-105 所示，在端接过程中使用压盖将网线压到位，无须使用打线钳即可实现网线线芯与刀片的电气连接，如图 1 – 106 所示。

图 1 – 105 压盖

图 1 – 106 压盖压入网络模块

5. 线序标签

如图 1 – 107 和图 1 – 108 所示，网络模块塑料外壳的侧面或者中间贴有 T568A 和 T568B 两种线序的色标，端接时线序必须符合其中一种。

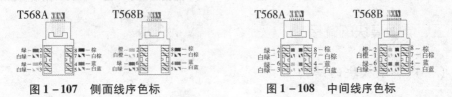
图 1 – 107 侧面线序色标　　　　　　　图 1 – 108 中间线序色标

（二）端接工具

端接工具包括剥线钳 1 把，用于剥除网线外护套，如图 1 – 109 所示。斜口钳 1 把，用于剪掉撕拉线和多余线芯，如图 1 – 110 所示。模块钳 1 把，用于压紧压盖，如图 1 – 111 所示。打线钳 1 把，初学者使用，如图 1 – 112 所示。

图 1 – 109 剥线钳

图 1 – 110 斜口钳

图 1 – 111 模块钳

图 1 – 112 打线钳

（三）网络模块的端接

第一步：根据产品说明书规定和操作习惯，剥除网线外护套，例如 30 毫米。

第二步：剪掉撕拉线。

第三步：用手将 8 芯线按照色谱压入 8 个塑料线柱内的刀片中，如图 1 – 113

所示。初学者也可以使用打线钳逐一将线压入。注意网线外护套前端必须放置在模块内部。

第四步：扣上压盖，用力向下压紧压盖，如图 1 – 114 所示。初学者可以用模块钳压紧压盖，把 8 芯线压入刀片底部，如图 1 – 115 所示。

第五步：用斜口钳剪掉线头，注意露出模块的线头长度小于 1 毫米。

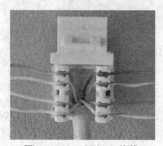  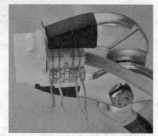

图 1 – 113　压入 8 芯线　　　图 1 – 114　用手压紧压盖　　　图 1 – 115　用模块钳压紧压盖

二、屏蔽模块的端接

（一）屏蔽模块的结构

各种屏蔽模块的机械结构与电气工作原理基本相同或者类似，我们以常见的六类屏蔽卡装式免打网络模块为例，详细介绍其机械结构和电气工作原理。

1. 屏蔽模块的机械结构

如图 1 – 116 所示，屏蔽模块外形尺寸为：长 41 毫米，宽 17 毫米，高 26 毫米。图 1 – 117 为部件图，由网络模块、塑料压盖和屏蔽外壳 3 个部件组成。图 1 – 118 为零件图。

图 1 – 116　屏蔽网络模块　　　图 1 – 117　部件　　　图 1 – 118　零件

2. 网络模块和刀片

网络模块如图 1 – 119 所示，由 2 个塑料注塑件、1 块 PCB 板，8 个刀片，8 个弹簧插针组成。刀片如图 1 – 120 所示，线芯压入塑料线柱时，被刀片划破绝缘层，夹紧铜导体，实现电气连接功能。将 8 个刀片和 8 个弹簧插针焊接在 PCB 板上，通过 PCB 板实现 RJ45 插口与模块的电气连接。PCB 板与两个塑料注塑件固定在一起，装入金属屏蔽外壳中，组成完整的屏蔽网络模块。

图 1-119　网络模块

图 1-120　刀片结构示意

3. 塑料压盖

塑料压盖如图 1-121 所示，左端有 8 个卡线槽，右端下部为圆弧，上部为长方形凸台，中间为穿线孔。上下两面有线序标记。

4. 屏蔽外壳

屏蔽外壳如图 1-122 所示，由 3 个金属铸件组成，中间为 RJ45 插口，上部设计有与配线架固定的卡台。两边为活动压盖，压盖内部贴有绝缘片，避免线头与外壳接触短路。压盖上有双箭头，箭头向下表示压在下边，箭头向上表示压在上边。压盖一端设计有适合绑扎电缆的圆槽。

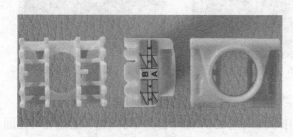

图 1-121　模块压盖

图 1-122　金属外壳

（二）端接工具

端接工具包括剥线钳或者电缆剥皮器 1 把，用于剥除网线外护套。斜口钳 1 把，用于剪掉撕拉线、铝箔、塑料包带、十字骨架以及多余线芯。

（三）屏蔽模块的端接

第一步：根据产品说明书规定和操作习惯，剥除六类双屏蔽网线外护套。

第二步：将编织带与钢丝缠绕在一起，预留 10 毫米，其余剪掉，如图 1-123 所示。然后剪掉铝箔、塑料包带和十字骨架。最后将网线穿入压盖，注意穿入压盖时屏蔽层与压盖平台方向一致，如图 1-124 所示。

图 1-123 预留 10 毫米

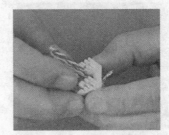

图 1-124 穿入压盖方向

第三步：按照 T568B 线序将 8 芯线压入模块对应的 8 个塑料线柱刀片中。注意一定要将网线拉直，并置于压盖小平台正上方，如图 1-125 所示。

第四步：将压盖扣入模块外壳中。注意模块平台方向与外壳圆弧方向一致。如图 1-126 所示。然后用斜口钳剪掉余线，为防止线芯接触屏蔽层造成短路，线头长度必须小于 1 毫米，如图 1-127 所示。

图 1-125 压接 8 芯线图

图 1-126 压盖扣入外壳方向

图 1-127 剪掉余线

第五步：如图 1-128 和图 1-129 所示，先将活动压盖中向下箭头一端扣下来，然后再将向上箭头一端扣下来，再次用力将两边的活动压盖紧紧扣合，最后用线扎固定网线、屏蔽层以及金属外壳，保证金属外壳与屏蔽层牢固连接。

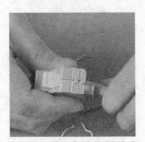

图 1-128 合住金属外壳

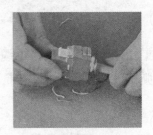

图 1-129 线扎固定

三、语音模块的端接

（一）语音模块的结构

各种语音模块常用于电话通信系统，其机械结构与电气工作原理和网络模块类似。

1. 语音模块的机械结构

语音模块的结构如图1-130和图1-131所示，长31毫米，宽23毫米，高24毫米。每个语音模块由5个部分组成，分别是：塑料线柱、刀片、水晶头插口、电路板、压盖。

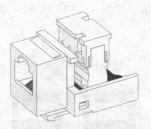

图1-130 语音模块结构示意

图1-131 语音模块照片

2. 塑料线柱和刀片

语音模块只有4个塑料线柱，如图1-132所示，每个线柱内镶嵌一个刀片，如图1-133所示，刀片长15.5毫米，宽2.5毫米。

刀片下端固定在电路板上，上端镶嵌在塑料线柱中，如图1-134所示。线芯压入塑料线柱时，被刀片划破绝缘层，夹紧铜导体，实现电气连接。

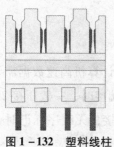

图1-132 塑料线柱

图1-133 刀片

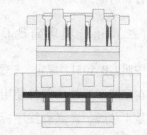

图1-134 刀片位置

3. RJ11插口

RJ11插口如图1-135所示，插口内有4个弹簧插针，弹簧插针一端固定在电路板上，通过电路板与刀片连通，另一端与电路板成30度，如图1-136所示。水晶头插入后，弹簧插针与水晶头上的刀片紧密接触，从而实现水晶头与模块的电气连接。

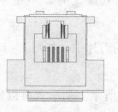

图1-135 RJ11插口

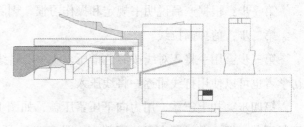

图1-136 水晶头与语音模块连接示意

4. 压盖

如图 1 – 137 所示，每个模块配套一个压盖，在端接过程中使用压盖将线压到位，无须使用打线钳即可实现线芯与刀片的电气连接。

5. 线序标签

语音模块塑料外壳的底面贴有两种线序的色标，如图 1 – 138 所示，端接时线序必须符合其中一种。

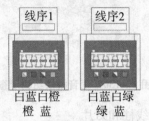

图 1 – 137　压盖结构示意　　　图 1 – 138　语音模块线序色标

（二）端接工具

语音模块端接工具与网络模块端接工具相同，主要使用剥线器和斜口钳，用于剥除护套和剪断线头。初学者可以使用打线钳和模块钳。

（三）语音模块的端接

按照 GB 50311 规定，建筑物内部每个信息点都必须满足计算机高速数据需要的要求，在配线子系统一般都使用 4 对网络双绞线。在语音模块端接时，一般压接 2 对线，也就是 4 芯线，产品有线序标记时按照产品线序标记进行端接，无线序标记时一般首先使用蓝、橙线对，压接完成剪掉多余线对。

为了节约成本，也可以压入 1 对线，满足语音通信使用即可，首先使用蓝色线对，压接完成后剪掉多余线对。

在信息插座内预留网线长度宜较长，一般为 120 ~ 150 毫米，预留未来语音点变更为数据点时，将语音模块改变为数据模块时方便端接。

下面以 4 对网络双绞线压接 2 对为例，说明语音模块端接方法。

第一步：根据产品说明书规定和操作习惯，剥除网线外护套，例如 30 毫米。

第二步：剪掉撕拉线。

第三步：用手将 2 对线按照色谱压入 4 个塑料线柱内的刀片中，如图 1 – 139 所示。初学者也可以使用打线钳逐一将线压入。

第四步：扣上压盖，用力向下压紧压盖，如图 1 – 140 所示。初学者可以用模块钳压紧压盖，把 4 芯线压入刀片底部，如图 1 – 141 所示。

第五步：用斜口钳剪掉线头，注意露出模块的线头长度小于 1 毫米。

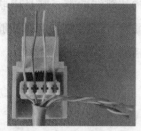  

图 1-139　压入塑料线柱刀片中　　图 1-140　用手压紧压盖　　图 1-141　用模块钳压紧压盖

【任务总结】

通过该任务的学习，能够熟知网络模块的结构并学会网络模块的端接方法，熟知屏蔽模块的结构并学会屏蔽模块的端接方法，熟知语音模块的结构并学会语音模块的端接方法。

练习题

一、填空题

1. 每个网络模块由＿＿＿个部分组成，分别是＿＿＿＿＿＿＿＿＿＿。

2. 每个屏蔽模块外形尺寸为，长 41 毫米，宽 17 毫米，高 26 毫米。由＿＿＿＿＿＿等＿＿＿个部件组成。

3. 每个语音模块由＿＿＿个部分组成，分别是：＿＿＿＿＿＿＿＿＿。

4. RJ11 插口内有＿＿＿个弹簧插针。

二、简答题

1. 简述网络模块的端接方法。

2. 简述屏蔽模块的端接方法。

3. 简述语音模块的端接工具有哪些。

4. 简述语音模块的端接方法。

实训项目

【实训名称】

铜缆端接速度竞赛（30 分钟）。

【实训内容】

制作 RJ45 水晶头—RJ45 水晶头跳线和 RJ45 模块—RJ45 模块跳线两类，并且串联在一起，如图 1 - 142 所示。最终评价链接的数量和质量。要保证所有链接的节点都能够导通，符合 EIA/TIA568B 标准，按照符合链接标准，质量合格的节点计算完成的数量。

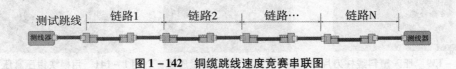

图 1 - 142　铜缆跳线速度竞赛串联图

【实训步骤】

第一步：按照要求制作 RJ45 模块—RJ45 模块跳线，并且插入准备阶段制作的 RJ45 水晶头—RJ45 水晶头跳线。

第二步：制作 RJ45 水晶头—RJ45 水晶头跳线。

第三步：制作 RJ45 模块—RJ45 模块跳线。

第四步：按此循环制作，边做边串联和测试。

【实训点评】

1. 赛前几分钟可以用来准备和检查所使用的工具、测线器等，并且在台面摆放到顺手位置。

2. 在准备阶段可制作好 1 根长度合适的 RJ45 水晶头—RJ45 水晶头跳线，一端插入测线器，摆放在后续测试比较合适的位置。

3. 按照题目要求依次串联，边做边测试，保证每根跳线合格，不合格跳线不串联，保证多根跳线串联后通断测试合格。

4. 保证线序正确，水晶头按照 568B 线序接线图，模块按照产品标签规定接线图。

5. 跳线剥除护套长度合适，剪掉撕拉线，水晶头护套压接到位，模块剪掉线头。

6. 保证端接的外观质量，操作规范，环境卫生。

任务六　信息插座的安装

【任务导入】

现要求在指定的位置进行信息插座的明装和暗装并完成模块的端接和安装。该如何操作？

【任务分析】

要完成该任务需要了解信息插座相关工程应用，学习信息插座底盒暗装和明装相关要点，熟知信息插座内模块的端接和安装方法，学习信息插座面板的安装，然后根据所学即可完成任务要求。

【任务目标】

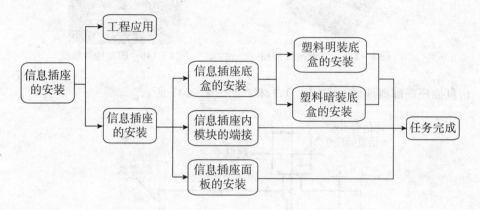

【任务实施】

一、信息插座在工程上的应用

信息插座属于工作区子系统，在智能建筑中随处可见。就是安装在建筑物墙面或者地面的各种信息插座，有单口插座，也有双口插座。

信息插座安装有墙面安装和地面安装 2 种方式，墙面安装的插座一般为 86 系列，插座为正方形，边长 86 毫米，常见的为白色塑料制造。一般采用暗装方式，把插座底盒暗藏在墙内，只有信息面板凸出墙面，如图 1－143 所示，暗装方式一般配套使用线管，线管也必须暗装在墙面内，也有凸出墙面的明装方式，插座底盒和面板全部明装在墙面，适合旧楼改造或者无法暗藏安装的场合，如图 1－144 所示。

地面安装的插座也称为"地弹插座"，使用时只要推动限位开关，就会自动弹起。一般为 120 系列，常见的插座分为正方形和圆形两种，正方形长 120 毫米，宽 120 毫米，如图 1－145 所示为方形地弹插座，圆形直径为 150 毫米，如图 1－146 所示圆形地弹插座，地面插座要求抗压和防水功能，因此都是黄铜材料铸造。

图 1－143　暗装底盒

图 1－144　明装底盒

图 1 - 145　方形地弹插座

图 1 - 146　圆形地弹插座

信息插座底部离地面高度宜为 0.3 米，如图 1 - 147 所示。

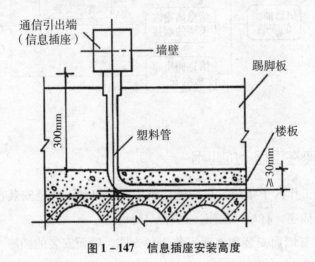

图 1 - 147　信息插座安装高度

二、信息插座的安装

信息插座的安装包括底盒安装，模块端接和面板安装。下面分别介绍各个安装阶段的安装操作。

（一）信息插座底盒的安装

信息插座的底盒分墙内暗装、墙面明装和地面安装 3 种安装形式，下面以塑料明装底盒安装和塑料暗装底盒安装为例作以说明。

1. 塑料明装底盒的安装

第一步：检查底盒。在底盒安装强前，应检查底盒结构是否完整，安装螺孔是否合格，外观是否受损，如图 1 - 148 所示。

第二步：确定安装位置。首先根据设计确定底盒安装位置，然后用底盒在墙面比划安装孔位置，并用铅笔在墙面作出标记。

第三步：墙面开孔并安装膨胀管。首先用电钻在墙面标记处开孔，选用与膨胀管相同外径的钻头，孔的深度与膨胀管长度相同。然后在开好的安装孔里打入膨胀管。

第四步：去掉挡板。根据现场进线方向和位置，取掉底盒对应预留孔中的挡板。

第五步：穿线并固定底盒。将信息点的线缆从预留孔穿入底盒，将底盒安装孔对准墙面安装孔，拧紧膨胀管配套螺丝，即可完成底盒的安装，如图 1 – 149 所示。

图 1 – 148　检查明装塑料底盒　　　图 1 – 149　安装完成的明装塑料底盒

2. 塑料暗装底盒的安装

第一步：检查底盒。在底盒安装强前，检查底盒结构是否完整，安装螺孔是否合格，如图 1 – 150 所示。

第二步：去掉挡板。根据现场进线方向和位置，取掉底盒对应预留孔中的挡板。注意保留其他预留孔挡板，以防在在施工过程中灌入砂浆，如图 1 – 151 所示。

第三步：固定底盒。首先使用专门的管接头把线管和底盒连接起来，然后用膨胀螺丝或者水泥砂浆固定底盒，底盒的外沿应与墙面基本平齐，不可明显凸出或者凹陷，如图 1 – 152 所示。

第四步：成品保护。底盒安装完成后，用胶带封住底盒的面板安装螺孔，或者用纸板挡在底盒外侧，以防在后期施工中，水泥砂浆灌入面板安装螺孔或穿线管内，如图 1 – 153 所示。

图 1 – 150　检查底盒　图 1 – 151　去掉上方挡板　图 1 – 152　固定底盒　图 1 – 153　底盒保护

（二）信息插座内模块的端接

信息插座底盒内安装有各种信息模块，有光模块、电模块、数据模块、语音模块等。

网络数据模块和电话语音模块的安装方法基本相同，这里以网络数据模块为例介绍。

安装流程为：准备材料和工具→清理和标记→剥线→分线→端接→安装防尘盖→理线→卡装模块。

详细步骤如下：

第一步：准备材料和工具。在每次开工前，必须一次领取当班需要的全部材料和工具，包括网络数据模块、电话语音模块、标记材料、压接工具等。

第二步：清理和标记。清理和标记非常重要，在实际工程施工中，一般在底盒安装和穿线较长时间后，才能开始安装模块，因此安装前要首先清理底盒内堆积的水泥砂浆或者垃圾，然后将双绞线从底盒内轻轻取出，清理表面的灰尘重新做编号标记，标记位置距离管口 60~80 毫米，注意做好新标记后才能取消原来的标记。如图 1-154 所示。

第三步：剥线。剥线之前先把受损的缆线剪去 5~10 毫米，然后确定剥线长度（15 毫米），接着使用带剥线功能的压接工具剥掉双绞线的外皮，特别注意不要损伤线芯和线芯绝缘层。

第四步：分线。一般按照 568B 线序将双绞线分为 4 对线，穿过相应的卡线槽，再将每对线分开，分成独立的 8 芯线。如图 1-155 所示。

第五步：端接。按照模块上标记的线序色谱，将 8 芯线逐一放入对应的线槽内，完成压接，同时裁剪掉多余的线芯。

第六步：安装防尘盖。压接完成后，将模块配套的防尘盖卡装好，既能防尘又能防止线芯脱落。如图 1-156 所示。

第七步：理线。模块安装完毕后，把双绞线电缆整理好，保持较大的曲率半径。如图 1-157 所示。

第八步：安装模块。把模块卡装在面板上，一般数据在左口，语音在右口。

 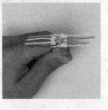  

图 1-154　清理和标记　　图 1-155　分线　　图 1-156　安装防尘盖　　图 1-157　理线

（三）信息插座面板的安装

第一步：检查信息面板。查看信息面板是否完整，外观是否受损，安装螺孔是否合格。

第二步：端接信息模块。

（1）在端接信息模块前，需要剪掉多余长度的线缆，一般留出 100～120 毫米的长度用于模块端接和后期检修。

（2）按照前面介绍的模块端接操作步骤完成成信息模块的端接，如图 1 – 158 所示。

第三步：安装信息模块。信息模块端接完成后，将模块卡接在信息面板中，如图 1 – 159 所示。

注意：如果双口面板上有网络插口和信息插口时，按照标记口位置安装。如果双口面板上没有标记时，宜将网络模块安装在左边，电话模块安装在右边，并在面板上做好标记。

第四步：安装信息面板。将信息面板用螺丝固定在信息底盒上，螺丝务必拧紧，不得松动，如图 1–160 所示。

图 1 – 158　端接模块　　　图 1 – 159　安装信息模块　　　图 1 – 160　安装完成的信息面板

【任务总结】

通过该任务了解信息插座相关工程应用，能熟知信息插座底盒暗装和明装的要点和操作步骤，能够独立完成信息插座内模块的端接和面板的安装。

练习题

一、填空题

1. 墙面安装的插座一般为 86 系列，插座为正方形，边长＿＿＿毫米，常见的为白色塑料制造。

2. 地面安装的插座也称为"地弹插座"，使用时只要推动限位开关，就会自动弹起。一般为＿＿＿系列。

3. 信息插座的底盒分墙内暗装、墙面明装和____3 种安装形式。

4. 信息插座底部离地面高度宜为____米。

二、简答题

1. 简述信息插座底盒的安装步骤。

2. 简述信息插座内模块的端接步骤。

3. 简述信息插座面板的安装步骤。

实训项目

【实训名称】

信息插座的安装实训。

【实训内容】

要求必须按照图 1 - 161 所示位置和要求，完成信息点插座底盒安装、模块端接、模块卡装、面板安装，信息点编号标记。信息点标记必须按照端口对应表中的编号。

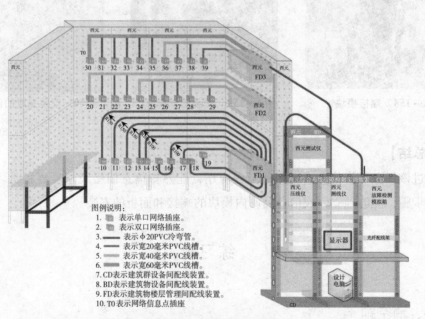

图例说明：
1. 表示单口网络插座。
2. 表示双口网络插座。
3. 表示φ20PVC冷弯管。
4. 表示宽20毫米PVC线槽。
5. 表示宽40毫米PVC线槽。
6. 表示宽60毫米PVC线槽。
7. CD表示建筑群设备间配线装置。
8. BD表示建筑物设备间配线装置。
9. FD表示建筑物楼层管理间配线装置。
10. TO表示网络信息点插座

图 1 - 161　建筑仿真模型

【实训步骤】

第一步：分组，2 ~ 3 人组成一组进行分工操作。

第二步：准备材料和工具，按照图纸要求列出材料和工具清单，准备实训材料和工具。

第三步：安装底盒。首先，检查底盒的外观是否合格，特别检查底盒上的螺丝孔必须正常，如果其中有一个螺丝孔损坏时坚决不能使用；然后，根据进出线方向和位置，取掉底盒预设孔中的挡板；最后，按设计图纸位置用 M6 螺丝把底盒固定在装置上，如图 1-162 所示。

第四步：穿线，如图 1-163 所示。

第五步：端接模块，压接方法必须正确，一次压接成功；之后，装好防尘盖。如图 1-164 所示。

第六步：安装面板，模块压接完成后，将模块卡接在面板中，然后安装面板，如图 1-165 所示。

第七步：完成面板标记。

图 1-162　安装底盒

图 1-163　穿线

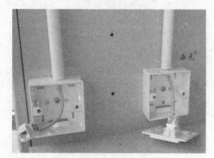
图 1-164　端接模块

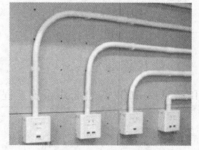
图 1-165　安装面板

【实训点评】

质量要求：

1. 底盒安装位置正确，牢固。

2. 模块端接线序正确。

3. 安装防尘盖。

4. 面板安装到位、牢固。

5. 端口做标签。

任务七　双绞线的检验和跳线测试

【任务导入】

现仓库有大量网线和跳线需要检验和测试。该如何操作？

【任务分析】

要完成该任务需要了解双绞线的检验，学习双绞线跳线的测试，熟知双绞线跳线制作工艺质量评价，然后根据所学即可完成任务要求。

【任务目标】

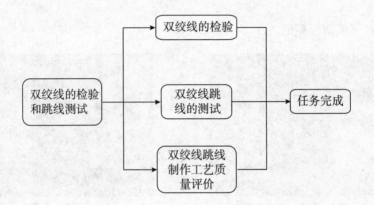

【任务实施】

一、双绞线的检验

（一）依据标准

GB 50311—2007 综合布线系统工程设计规范。

（二）检验内容

双绞线的检验包括以下内容：

（1）外观和结构，主要检验双绞线的绞对、色谱、物理特性等参数；

（2）长度和线径，主要检验双绞线整箱线的长度，线芯直径等参数；

（3）性能，主要检测双绞线的阻抗、线路图等参数。

（三）检验方法

1. 外观和结构

（1）双绞线中应该有 4 对线，每一线对都应由两根绝缘的铜导线相互扭绕而成。

（2）双绞线中的线对应按逆时针方向进行扭绕。

（3）双绞线中的线对之间应平行无绞绕。

（4）六类分屏蔽双绞线线对之间应有十字骨架进行分隔定位。

（5）双绞线线芯的标准色谱应符合：白橙、橙、白绿、绿、白蓝、蓝、白棕和棕的规定，在8芯双绞线中，有4芯属花色线。花色线的本底应为纯白，然后嵌入一根指定的颜色条，颜色条的颜色应与其对应的芯线完全相同。

（6）双绞线的铜芯应能连续折弯十次以上不因疲劳折断。

（7）用打火机直接燃烧双绞线数分钟后，火势不会顺线缆蔓延，移去打火机后双绞线上的火苗应立即消失，在线缆上只剩下烧焦的痕迹。芯线的绝缘层也应该具有相同的阻燃能力。用打火机直接燃烧双绞线线芯，线芯不应燃烧或熔化。

（8）双绞线上印有产品名称、米标、规格、符合标准、厂商等各类字样，印字应细腻清晰，细看时呈边缘十分清晰的点状结构。如果用手用力抹擦印字时，印字不应被抹去。

2. 长度和线径

（1）双绞线上应印有米标，米标应均匀清楚，使用卷尺随即抽取几米进行测量应准确无误。

（2）整箱双绞线的长度应为305米，可先用卷尺对照双绞线上的米标进行检查后，利用两端的米标进行计算。

（3）使用游标卡尺测量双绞线铜芯直径。对于超五类线，线径应为0.51毫米，对于六类线，线径应为0.57毫米。

3. 性能

（1）使用万用表或线缆测试仪测量双绞线中每个线对的直流环路电阻最大值不能超过30欧姆。

（2）使用线缆测试仪测试双绞线线对的电路图中不应有短路、断路、跨接等现象。

（3）双绞线的其他电气性能，应使用线缆分析仪进行分析测试，并应符合相应的标准要求。

二、双绞线跳线的测试

（一）依据标准

GB 50312—2007 综合布线系统工程验收规范。

（二）测试内容

双绞线跳线的测试包括以下内容：

（1）外观及长度检查；

（2）线序与通断测试。

（三）测试方法

1. 外观及长度检查

（1）双绞线跳线应完整无破损，没有受到重压或弯折扭曲。

（2）双绞线跳线的水晶头制作应符合相关操作规范，外护套剥开长度、线芯插入深度、以及屏蔽双绞线的屏蔽层接触面积有应符合相关标准规定。

（3）双绞线跳线的总长度应符合标准，所有跳线长度最短不得小于 0.5 米，最长应符合工作区跳线最大 22 米、电信间机柜内跳线最大 5 米。

2. 线序与通断测试

在施工现场，一般使用手持式网线测线仪进行线序与通断验证测试，测试方法和步骤请按照产品使用说明书操作。将网线两端的水晶头分别插入主测试仪和远程测试端的 RJ45 端口，将开关拨到"ON"，这时主测试仪和远程测试端的指示头就应该逐个顺序对应闪亮。具体结果分以下五种情况介绍。

（1）直通连线的测试。测试直通连线时，主测试仪的指示灯应该从 1 到 8 逐个顺序闪亮，而远程测试端的指示灯也应该从 1 到 8 逐个顺序闪亮。如果是这种现象，说明直通线的连通性没问题，否则就得重做。

（2）交叉线的测试。测试交叉连线时，主测试仪的指示灯也应该从 1 到 8 逐个顺序闪亮，而远程测试端的指示灯应该是按着 3、6、1、4、5、2、7、8 的顺序逐个闪亮。如果是这样，说明交叉连线连通性没问题，否则就得重做。

（3）故障显示。若网线两端的线序不正确时，主测试仪的指示灯仍然从 1 到 8 逐个闪亮，只是远程测试端的指示灯将按着与主测试端连通的线号的顺序逐个闪亮。也就是说，远程测试端不是按照 1 到 8 逐个顺序闪烁，而是按照错误的线序闪烁。

（4）导线断路测试的现象。

①当有 1 到 6 根导线断路时，则主测试仪和远程测试端的对应线号的指示灯都不亮，其他的灯仍然可以逐个闪亮。

②当有 7 根或 8 根导线断路时，则主测试仪和远程测试端的指示灯全都不亮。

（5）导线短路测试的现象。

①当有 2 根导线短路时，主测试仪的指示灯仍然按着从 1 到 8 的顺序逐个闪亮，而远程测试端两根短路线所对应的指示灯将被同时点亮，其他的指示灯仍按正常的顺序逐个闪亮。

②当有 3 根或 3 根以上的导线短路时，主测试仪的指示灯仍然从 1 到 8 逐个顺序闪

亮，而远程测试端的所有短路线对应的指示灯都不亮。

三、双绞线跳线制作工艺质量评价

跳线制作质量评价可按照表 1-6 执行。要求跳线制作长度误差控制在 ±5 毫米以内，线序正确，压接护套到位，剪掉牵引线，符合 GB 50312 规定，跳线测试合格。

表 1-6　　　　　　　　　　　跳线制作和测试评分表

评分项目	评分细则		评分等级	得分
网络跳线制作和测试	长度不正确（长或短 5 毫米）直接扣除该跳线 5 分，该跳线不得分	跳线 1	0，1，2，3，4，5	
		跳线 2	0，1，2，3，4，5	
		跳线 3	0，1，2，3，4，5	
		跳线 4	0，1，2，3，4，5	
	跳线测试合格 2 分	跳线 5	0，1，2，3，4，5	
		跳线 6	0，1，2，3，4，5	
	压接护套到位 2 分	跳线 7	0，1，2，3，4，5	
		跳线 8	0，1，2，3，4，5	
	两端剪掉撕拉线 1 分	…	…	
		跳线 N	0，1，2，3，4，5	
总分				

【任务总结】

通过该任务学会了双绞线的检验，对相关依据标准、检验内容和检验方法有了一定的认识，熟知双绞线跳线的测试要点和操作步骤，能够独立完成双绞线跳线的测试并且能够对双绞线跳线制作工艺作出质量评价。

练习题

一、填空题

1. 双绞线中的线对按____方向进行扭绕。

2. 双绞线中的线对之间____无绞绕。

3. 整箱双绞线的长度应为____米。

4. 双绞线跳线的总长度应符合标准，所有跳线长度最短不得小于____米，最长应符合工作区跳线最大____米、电信间机柜内跳线最大 5 米。

二、简答题

1. 简述双绞线的检验内容。

2. 简述双绞线跳线制作工艺质量评价要点。

实训项目

【实训名称】

网络跳线制作和测试。

【实训内容】

制作网络跳线 30 根，使用手持式网线测线仪进行线序与通断验证测试，具体要求如下：

（1）10 根超五类非屏蔽铜缆跳线，568B – 568B 线序，长度 500 毫米；

（2）10 根超五类非屏蔽铜缆跳线，568A – 568A 线序，长度 400 毫米；

（3）10 根超五类非屏蔽铜缆跳线，568A – 568B 线序，长度 300 毫米。

【实训步骤】

第一步：按照要求制作跳线。

第二步：使用网线测线仪进行测试。

第三步：整理记录结果并进行点评。

【实训点评】

1. 跳线长度误差必须控制在 ±5 毫米以内。

2. 线序正确。

3. 压接护套到位。

4. 剪掉牵引线。

5. 符合 GB 50312 规定，跳线测试合格。

情境二 楼层布线

【知识目标】

1. 能够熟知综合布线系统图的设计相关知识；
2. 能够熟知综合布线系统施工图的设计相关知识；
3. 能够熟知 PVC 线管安装的相关知识；
4. 能够熟知 PVC 线槽安装的相关知识；
5. 能够熟知常用数据配线架的相关知识；
6. 能够熟知常见语音配线架的相关知识；
7. 能够熟知常见 110 型跳线架的相关知识；
8. 能够熟知网络机柜的安装的相关知识；
9. 能够熟知常见标准 U 设备的安装的相关知识；
10. 能够熟知铜缆故障检测与分析的相关知识。

【技能目标】

1. 学会综合布线系统图的设计方法；
2. 学会综合布线系统施工图的设计方法；
3. 学会 PVC 线管安装的方法；
4. 学会 PVC 线槽安装的方法；
5. 学会数据配线架的端接方法；
6. 学会语音配线架的端接方法；
7. 学会 110 型跳线架的端接方法；
8. 学会网络机柜的安装方法；
9. 学会标准 U 设备的安装方法；
10. 学会铜缆故障检测与分析方法。

【能力目标】

1. 能够熟练进行综合布线系统图的设计；
2. 能够熟练进行综合布线系统施工图的设计；
3. 能够熟练进行 PVC 线管的安装；
4. 能够熟练进行 PVC 线槽的安装；

5. 能够熟练进行数据配线架的端接；

6. 能够熟练进行语音配线架的端接；

7. 能够熟练进行 110 型跳线架的端接；

8. 能够熟练进行网络机柜的安装；

9. 能够熟练进行标准 U 设备的安装；

10. 能够熟练进行铜缆测试工具的使用；

11. 能够熟练进行铜缆故障检测与分析。

任务一 综合布线系统图的设计

【任务导入】

现要求以给定的"建筑群网络综合布线系统模型"作为网络综合布线系统工程实例，按照要求完成网络综合布线系统图的设计。该如何操作？

【任务分析】

要完成该任务需要了解综合布线系统图及其相关工程应用，学习编制综合布线系统图的相关要点，熟知综合布线系统图的设计步骤，然后根据所学即可完成任务要求。

【任务目标】

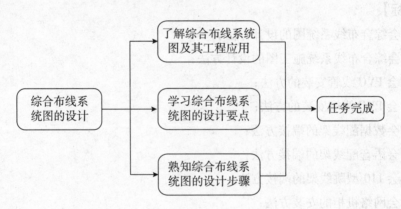

【任务实施】

一、综合布线系统图

综合布线系统图能够给出信息点之间的连接关系，信息点与管理间、设备间配线架之间的连接关系。是智能建筑设计蓝图中必有的重要内容，一般在电气施工图册的弱电图纸部分的首页。

二、综合布线系统图的工程应用

综合布线系统图直观反映了信息点的连接关系，而且综合布线系统图非常重要，它直接决定网络应用拓扑图，因为网络综合布线系统是在建筑物建设过程中预埋的管线，后期无法改变，所以网络应用系统只能根据综合布线系统来设置和规划。

三、编制综合布线系统图的要点

1. 图形符号必须正确

在系统图设计时，必须使用规范的图形符号，保证技术人员和现场施工人员能够快速读懂图纸，并且在系统图中给予说明，不要使用奇怪的图形符号。GB 50311《综合布线系统工程设计规范》中使用的图形符号如下。

|X|：代表网络设备和配线设备，左右两边的竖线代表网络配线架，例如光纤配线架，铜缆配线架，中间的×代表网络交互设备，例如网络交换机。

□：代表网络插座，例如单口网络插座，双口网络插座等。

——：代表缆线，例如室外光缆，室内光缆，双绞线电缆等。

2. 连接关系清楚

设计系统图的目的就是为了规定信息点的连接关系，因此必须按照相关标准规定，清楚的给出信息点之间的连接关系，信息点与管理间、设备间配线架之间的连接关系，也就是清楚的给出 CD – BD、BD – FD、FD – TO 之间的连接关系，这些连接关系实际上决定网络拓扑图。

3. 缆线型号标记正确

在系统图中要将 CD – BD、BD – FD、FD – TO 之间设计的缆线规定清楚，特别要标明是光缆还是电缆。就光缆而言，有时还需要标明室外光缆，还是室内光缆，再详细时还要标明是单模光缆还是多模光缆，这是因为如果布线系统设计了多模光缆，在网络设备配置时就必须选用多模光纤模块的交换机。系统中规定的缆线也直接影响工程总造价。

4. 说明完整

系统图设计完成后，必须在图纸的空白位置增加设计说明。设计说明一般是对图的补充，帮助理解和阅读图纸，对系统图中使用的符号给予说明。例如增加图形符号说明，对信息点总数和个别特殊需求给予说明等。

5. 图面布局合理

任何工程图纸都必须注意图面布局合理，比例合适，文字清晰。一般布置在图纸中间位置。在设计前根据设计内容，选择图纸幅面，一般有 A4、A3、A2、A1、A0 等标准规格，例如 A4 幅面高 297 毫米，宽 210 毫米；A0 幅面高 841 毫米，长 1189 毫米。在智能建筑设计中也经常使用加长图纸。

6. 标题栏完整

标题栏是任何工程图纸都不可缺少的内容，一般在图纸的右下角。标题栏一般至少包括以下内容：

（1）建筑工程名称。

（2）项目名称。

（3）工种。

（4）图纸编号。

（5）设计人签字。

（6）审核人签字。

（7）审定人签字。

四、综合布线系统图的设计步骤

在综合布线系统图的设计时，工程技术人员一般使用 Auto CAD 软件完成，鉴于计算机类专业没有 CAD 软件课程，为了掌握系统图的设计要点，下面以 Microsoft Office Visio 软件和西元教学模型为例，介绍系统图的设计方法，具体步骤如下。

1. 创建 Visio 绘图文件

首先打开程序，创建一个 Visio 绘图文件，同时给该文件命名，例如命名为："02 - 西元网络综合布线工程教学模型系统图"。

（1）打开 Visio 文件和设置页面。点击"程序—Microsoft Office—Microsoft Office Visio—网络—基本网络图"，就创建了 1 个 Visio 绘图文件。如图 2 - 1、图 2 - 2 所示。

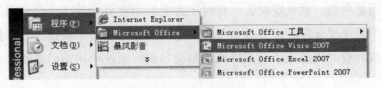

图 2 - 1　创建 Visio 图 1

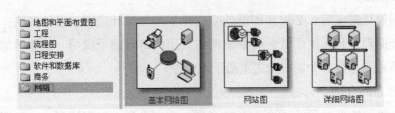

图 2 - 2　创建 Visio 图 2

（2）设置页面尺寸。首先点击图 2-3 页面左上角的"文件"，选择页面设置，就会出现图 2-4 所示对话框，然后点击"预定义的大小"为绿色 — 选择"A4"幅面—选择页面方向为"横向"（变为绿色）— 最后点击"确认"，这样就完成了页面设置，可以开始进行系统图的设计了。

图 2-3　Visio 图页面

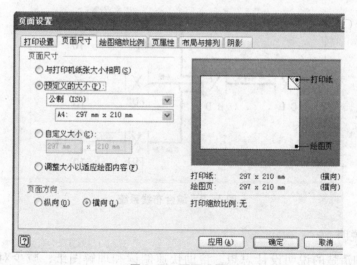

图 2-4　页面设置

2. 绘制配线设备图形

在页面合适位置绘制建筑群配线设备图形（CD）、建筑物配线设备图形（BD）、楼层管理间配线设备图形（FD）和工作区网路插座图形（TO），如图 2-5 所示。

图中的 |X| 代表网络设备，左右两边的竖线代表网络配线架，例如光纤配线架或者铜缆配线架，中间的 × 代表网络交互设备，例如交换机。

3. 设计网络连接关系

用直线或折线把 CD – BD、BD – FD、FD – TO 符号连接起来，这样就清楚的给出了 CD – BD、BD – FD、FD – TO 之间的连接关系，这些连接关系实际上决定网络拓扑图。如图 2 – 6 所示。

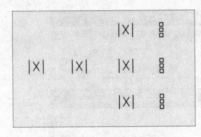

图 2 – 5   绘制设备图形

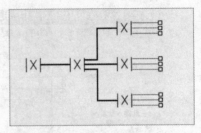

图 2 – 6   设计连接关系

4. 添加设备图形符号和说明

为了方便快速阅读图纸，一般在图纸中需要添加图形符号和缩略词的说明，通常使用英文缩词，再把图中的线条用中文标明，如图 2 – 7 所示。

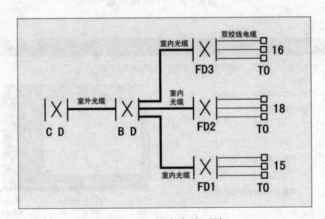

图 2 – 7   综合布线系统

5. 设计说明

为了更加清楚的说明设计思想，帮助快速阅读和理解图纸，减少对图纸的误解，一般要在图纸的空白位置增加设计说明，重点说明特殊图形符号和设计要求。例如西元教学模型的设计说明内容如下，如图 2 – 8 所示。

设计说明：

（1）CD 表示建筑群配线设备。

（2）BD 表示建筑物配线设备。

（3）FD 表示楼层管理间配线设备。

（4）TO 表示网络信息插座。

（5）|X| 表示配线设备。CD 和 BD 为光纤配线架，FD 为光纤配线架或电缆配线架。

（6）□ 表示网络插座，可以选择单口或者双口网络插座。

（7）—— 表示缆线，CD - BD 为 4 芯单模室外光缆，BD - FD 为 4 芯多模室内光缆或者双绞线电缆，FD 线 TO 为双绞线电缆。

（8）CD - BD 室外埋管布线，BD - FD1 地下埋管布线，BD - FD2，BD - FD3 沿建筑物墙体埋管布线，FD - TO 一层为地面埋管布线，沿隔墙暗管布线到 TO 插座底盒；二层为明槽暗管布线方式，楼道为明装线槽或者桥架，室内沿隔墙暗管布线到 TO 插座底盒；三层在楼板中隐蔽埋管或者在吊顶上暗装桥架，沿隔墙暗管布线到 TO 插座底盒。

在两端预留缆线，方便端接。在 TO 底盒内预留 0.2 米，在 CD、BD、FD 配线设备处预留 2 米。

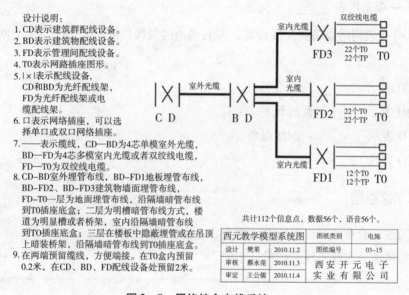

图 2 - 8　网络综合布线系统

6. 设计标题栏

标题栏是工程图纸不可缺少的内容，一般在图纸的右下角。图 2 - 8 中标题栏为一个典型应用实例，它包括以下内容。

（1）项目名称。图 2 - 8 中为"西元教学模型系统图"。

（2）图纸类别。图 2 - 8 中为"电施"。

（3）图纸编号。图 2 - 8 中为"03 - 15"。

（4）设计单位。图 2 - 8 中为西安开元电子实业有限公司。

（5）设计人签字。图 2 - 8 中为"樊果"。

（6）审核人签字。图 2-8 中为"蔡永亮"。

（7）审定人签字。图 2-8 中为"王公儒"。

【任务总结】

通过该任务学会了综合布线系统图的设计，对综合布线系统图的工程应用有了一定的认识，熟知综合布线系统图的要点和设计步骤，能够独立完成综合布线系统图的相关设计任务。

练习题

一、填空题

1. ——线条代表_____。

2. |X| 代表网络设备和配线设备，左右两边的竖线代表_____，中间的 × 代表_____。

3. CD 表示_____配线设备。

4. BD 表示_____配线设备。

5. FD 表示_____配线设备。

6. TO 表示_____。

二、简答题

1. 简述综合布线系统图的设计要点，至少说明五点。

2. 简述综合布线系统图的设计步骤。

实训项目

【实训名称】

综合布线系统图设计实训。

【实训内容】

按照图 1-40 设计该网络综合布线系统图。

【实训步骤】

第一步：创建 CAD 或 Visio 绘图文件。

第二步：绘制配线设备图形。

第三步：设计网络连接关系。

第四步：添加设备图形符号和说明。

第五步：设计编制说明。

第六步：设计标题栏。

第七步：打印综合布线系统图。

【实训点评】

1. 连接关系正确。要求 CD – BD – FD – TO 前后顺序及连接正确。

2. 信息点数量正确。

3. 图形符号正确和位置合理。要求配线架等设备图形符合国家标准。

4. 图面布局合理。

5. 标注符号正确。

6. 标题栏合理。

7. 说明完整。要求包括设计内容及布线。

8. 图例正确。要求对使用的图形做标注。

任务二　综合布线系统施工图的设计

【任务导入】

现要求以给定的"建筑群网络综合布线系统模型"作为网络综合布线系统工程实例，按照要求完成网络综合布线施工图的设计。该如何操作？

【任务分析】

要完成该任务需要了解网络综合布线施工图及其相关工程应用，学习编制网络综合布线施工图的相关要点，熟知网络综合布线施工图的设计步骤，然后根据所学即可完成任务要求。

【任务目标】

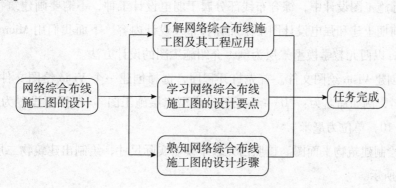

【任务实施】

一、综合布线系统施工图

施工图设计是进行布线路由设计，因为布线路由取决于建筑物结构和功能，布线管道一般安装在建筑立柱和墙体中。

二、综合布线系统施工图的工程应用

施工图规定了布线路由在建筑物中安装的具体位置，一般使用平面图。

三、编制综合布线系统施工图的要点

（1）图形符号必须正确。施工图设计的图形符号，首先要符合相关建筑设计标准和图集规定。

（2）布线路由合理正确。施工图设计了全部缆线和设备等器材的安装管道、安装路径、安装位置等，也直接决定工程项目的施工难度和成本。例如水平子系统中电缆的长度和拐弯数量等，电缆越长，拐弯可能就越多，布线难度就越大，对施工技术就有较高的要求。

（3）位置设计合理正确。在施工图中，对穿线管、网络插座、桥架等的位置设计要合理，符合相关标准规定。例如网络插座安装高度，一般为距离地面 300 毫米。但是对于学生宿舍等特殊应用场合，为了方便接线，网络插座一般设计在桌面高度以上位置。

（4）说明完整。

（5）图面布局合理。

（6）标题栏完整。

四、综合布线系统施工图的设计步骤

在实际施工图设计中，综合布线部分属于弱电设计工种，不需要画建筑物结构图，只需要在前期土建和强电设计图中添加综合布线设计内容。下面我们用 Microsoft Office Visio 软件，以西元教学模型二层为例，介绍施工图的设计方法。

（1）创建 Visio 绘图文件。首先打开程序，选择创建一个 Visio 绘图文件，同时给该文件命名，例如命名为："03 - 西元教学模型二层施工图"。把图面设置为 A4 横向，比例为 1：10，单位为毫米。

（2）绘制建筑物平面图。按照西元教学模型实际尺寸，绘制出建筑物二层平面图。如图 2 - 9 所示。

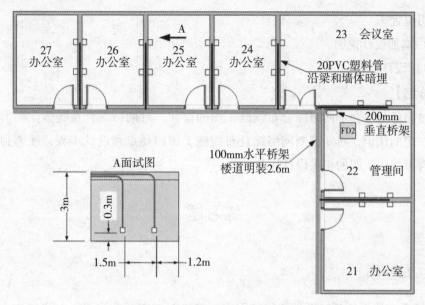

图 2 - 9 西元教学模型二层施工图

（3）设计信息点位置。根据点数统计表中每个房间的信息点数量，设计每个信息点的位置。例如：25 号房间有 4 个数据点和 4 个语音点。我们就在两个墙面分别安装 2 个双口信息插座，每个信息插座 1 个数据口，1 个语音口。如图 2 - 9 中 25 号办公室和 A 面视图所示，标出了信息点距离墙面的水平尺寸以及距离地面的高度。为了降低成本，墙体两边的插座背对背安装。

（4）设计管理间位置。楼层管理间的位置一般紧靠建筑物设备间，我们看到该教学模型的建筑物设备间在一层 11 号房间，一层管理间在隔壁的 12 号房间，垂直子系统桥架也在 12 号房间，因此我们就把二层的管理间安排在 22 号房间。

（5）设计水平子系统布线路由。二层采取楼道明装 100 毫米水平桥架，过梁和墙体暗埋 20PVC 塑料管到信息插座。墙体两边房间的插座共用 PVC 管，在插座处分别引到两个背对背的插座。

（6）设计垂直子系统路由。该建筑物的设备间位于一层的 12 号房间，使用 200 毫米桥架，沿墙垂直安装到二层 22 号房间和三层 32 号房间。并且与各层的管理间机柜连接。如图 2 - 9 中的 FD2 机柜所示。

（7）设计局部放大图。由于建筑体积很大，往往在图纸中无法绘制出局部细节位置和尺寸，这就需要在图纸中增加局部放大图。如图 2 - 9 中，设计了 25 号房间 A 向视图，标注了具体的水平尺寸和高度尺寸。

（8）添加文字说明。设计中的许多问题需要通过文字来说明，如图 2 - 9 中，添加了"100 毫米水平桥架楼道明装 2.6 米""20PVC 线管沿梁和墙体暗埋"，并且用箭头指向说明位置。

（9）增加设计说明。

（10）设计标题栏。

【任务总结】

通过该任务学会了网络综合布线施工图的设计，对网络综合布线施工图的工程应用有了一定的认识，熟知编制网络综合布线施工图的要点和设计步骤，能够独立完成网络综合布线施工图的相关设计任务。

练习题

一、填空题

1. 综合布线系统施工图的工程应用中，施工图规定了布线路由在建筑物中安装的具体位置，一般使用_____。

2. 在施工图中，对穿线管、网络插座、桥架等的位置设计要合理，符合相关标准规定。例如网络插座安装高度，一般为距离地面_____毫米。

3. 对于学生宿舍等特殊应用场合，为了方便接线，网络插座一般设计在_____高度以上位置。

4. 施工图设计是进行布线路由设计，因为布线路由取决于建筑物结构和功能，布线管道一般安装在_____中。

二、简答题

1. 简述综合布线系统施工图的设计要点，至少说明四点。

2. 简述综合布线系统施工图的设计步骤。

实训项目

【实训名称】

综合布线系统施工图设计实训。

【实训内容】

按照图 1-40 设计该网络综合布线施工图。

【实训步骤】

第一步：创建 CAD 或 Visio 绘图文件。

第二步：绘制平面图。

第三步：设计信息点位置。

第四步：设计管理间位置。

第五步：设计水平子系统布线路由。

第六步：设计垂直子系统路由。

第七步：设计局部放大图。

第八步：添加文字说明。

第九步：增加设计说明。

第十步：设计标题栏。

第十一步：打印施工图。

【实训点评】

1. 路由和标注正确。要求路由正确，标注符合国家标准。

2. 设备位置正确和图形符号标记清楚。要求位置正确，图形符合国家标准。

3. 尺寸标记正确。

4. 信息点位置和说明标记正确。

5. 图面布局合理。

6. 说明完整。

任务三　线管、线槽的使用

【任务导入】

现需要按照图纸所示位置进行 PVC 线管、线槽的安装和布线。该如何操作？

【任务分析】

要完成该任务需要了解 PVC 线管、线槽的相关知识，学会 PVC 线管、线槽安装的相关技术，然后根据所学即可完成任务要求。

【任务目标】

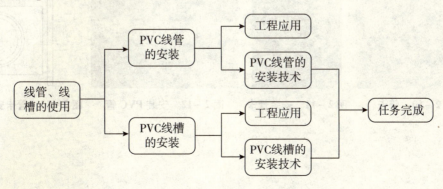

【任务实施】

一、PVC 线管的安装

（一）工程应用

PVC 线管广泛用于建筑物墙或者地面内暗埋布线使用，一般安装得十分隐蔽。在智能大厦交工后，该子系统很难接近，因此更换和维护水平线缆的费用很高、技术要求也很高。如果我们常对缆线进行维护和更换的话，就会影响用户的正常工作，严重者会中断用户的正常使用。由此可见，PVC 管路敷设、线缆选择将成为综合布线系统中重要的组成部分。

（二）PVC 线管的安装

1. PVC 线管安装的基本操作

PVC 线管在暗埋施工安装时的程序是：根据土建配管→穿钢丝→布线。

PVC 线管在明装施工时的程序是：开孔→安装管卡→固定线管→穿牵引线→布线。

下面详细介绍明装 PVC 管的操作方法：

第一步：准备材料，必须使用生产厂家配套的专用管卡（需单独购买 $\phi20$ 和 $\phi40$ 管卡），如图 2 – 10 所示。

第二步：按照设计的布管位置，用 M6 螺丝把管卡固定好。螺丝头应该沉入管卡内，如图 2 – 11 所示。

第三步：将线管安装到管卡中，如图 2 – 12 所示。

线管安装必须做到垂直或者水平，如果设计为倾斜时，必须符合设计要求。

实际工程施工时一般每隔 1 米安装 1 个管卡。为了达到熟练的目的，在实训过程中建议每 100 毫米安装 1 个管卡，然后再固定 PVC 管，安装原理如图 2 – 13 所示。

   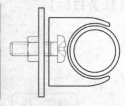

图 2 – 10　管卡　　　图 2 – 11　安装管卡　　　图 2 – 12　安装 PVC 管　　　图 2 – 13　管卡安装图

2. 线管弯管成型操作

综合布线施工中如果不能满足缆线最低弯曲半径要求，双绞线电缆的缠绕节距会发生变化，严重时，电缆可能会损坏，直接影响电缆的传输性能。例如，在铜缆系统中，布线弯曲半径直接影响回波损耗值，严重时会超过标准规定值。在光纤系统中，则可能会导致高衰减。因此在设计布线路径时，尽量避免和减少弯曲，增加电缆的拐弯曲率半径值。

直径在 25 毫米以下的 PVC 管工业品弯头、三通，一般不能满足铜缆布线曲率半径要求。因此，一般使用专用弹簧弯管器对 PVC 管成型，具体操作步骤如下。

第一步：准备冷弯管，确定弯曲位置和半径，做出弯曲位置标记。如图 2－14 所示。

第二步：插入弯管器到需要弯曲的位置。如果弯曲较长时，给弯管器绑一根绳子，放到要弯曲的位置，如图 2－15 所示。

第三步：弯管。两手抓紧放入弯管器的位置，用力弯管子或使用膝盖顶住被弯曲部位，逐渐煨出所需要的弯度，如图 2－16 所示。

第四步：取出弯管器，安装弯管，如图 2－17 所示。

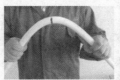

图 2－14　准备和标记　　图 2－15　插入弯管器　　图 2－16　弯管　　图 2－17　弯管安装

使用弯管器制作出来的线管拐弯如图 2－18 所示。

在综合布线实训时，对于 40 毫米 PVC 管可以使用成品弯头进行拐弯操作，如图 2－19 所示。

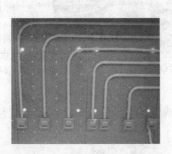

图 2－18　使用弯管器制作的拐弯　　　　图 2－19　使用成品弯头制作的拐弯

二、PVC 线槽的安装

（一）工程应用

在建筑物墙面明装布线时，一般选择 PVC 线槽。常常用于住宅楼、老式办公楼、厂房进行改造或者需要增加网络布线系统时。常用的 PVC 线槽规格有：20 毫米×10 毫米、39 毫米×18 毫米、50 毫米×25 毫米、60 毫米×30 毫米、80 毫米×50 毫米等。

（二）PVC 线槽的安装

1. 线槽安装的基本操作

PVC 线槽布线施工程序是：画线确定安装位置→固定线槽→布线→安装线槽盖板，具体操作步骤如下：

第一步：进行线槽安装位置和路由设计。

第二步：准备线槽、弯头等材料和工具。

第三步：线槽开孔，在电动起子上夹紧 ϕ8 毫米或 ϕ6 毫米钻头，在线槽中间位置钻 ϕ8 毫米或 ϕ6 毫米孔，孔的位置必须与实训装置孔对应，每段线槽至少开两个安装孔。如图 2-20 所示。

第四步：固定线槽，用 M6 螺丝把线槽固定好，每段线槽至少安装 2 个螺丝。如图 2-21 所示。

第五步：布线，在线槽内布线。如图 2-22 所示。

第六步：安装盖板，完成布线后盖好线槽盖板。如图 2-23 所示。

线槽安装原理如图 2-24 所示。

 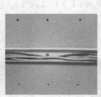 

图 2-20 钻孔　　图 2-21 安装　　图 2-22 布线　　图 2-23 盖板　　图 2-24 原理图

线槽安装必须做到垂直或者水平，中间接缝没有明显间隙。实际工程施工时，线槽固定间距一般为 1 米。

2. 线槽拐弯操作

线槽拐弯处一般使用成品弯头，一般有阴角、阳角、堵头、三通等配件，如图 2-25、图 2-26、图 2-27、图 2-28 所示。

图 2 – 25 阳角   图 2 – 26 阴角   图 2 – 27 三通   图 2 – 28 堵头

使用这些成品配件安装施工简单，而且速度快，图 2 – 29 为使用配件安装示意。

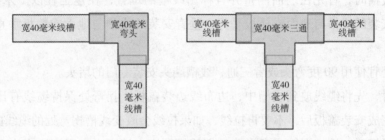

图 2 – 29 弯头和三通安装示意

图 2 – 30、图 2 – 31、图 2 – 32 表示了使用成品弯头零件和材料进行线槽拐弯处理。

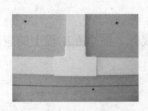      

图 2 – 30 使用三通连接   图 2 – 31 使用阴角连接   图 2 – 32 使用阳角连接

在实际工程施工中，因为准确计算这些配件非常困难，因此一般都是现场自制弯头，不仅能够降低材料费，而且美观。现场自制弯头时，要求接缝间隙小于 1 毫米，美观。如图 2 – 33 为水平弯头制作示意，图 2 – 34 为阴角弯头制作示意。

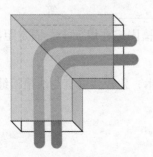   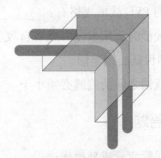

图 2 – 33 水平弯头制作示意   图 2 – 34 阴角弯头制作示意

图 2 – 35、图 2 – 36、图 2 – 37 表示了自制接头方式进行线槽拐弯的处理。

图 2 – 35　直接连接　　　　图 2 – 36　阴角处连接　　　　图 2 – 37　阳角处连接

安装线槽时，首先在墙面测量并且标出线槽的位置，在建工程以 1 米线为基准，保证水平安装的线槽与地面或楼板平行，垂直安装的线槽与地面或楼板垂直，没有可见的偏差。

拐弯处宜使用 90 度弯头或者三通，线槽端头安装专门的堵头。

布线时，先将缆线放到线槽中，边布线边装盖板，拐弯处保持缆线有比较大的拐弯半径。完成安装盖板后，不要再拉线，如果拉线会改变线槽拐弯处的缆线曲率半径。

安装线槽时，用水泥钉或者自攻丝把线槽固定在墙面上，固定距离为 300 毫米左右，必须保证长期牢固。两根线槽之间的接缝必须小于 1 毫米，盖板接缝宜与线槽接缝错开。

【任务总结】

通过该任务学会了 PVC 线管、线槽的安装技术，对线管、线槽在工程上的应用有了一定的认识，能够独立完成线管、线槽安装的相关任务。

练习题

一、填空题

1. PVC 线管在明装施工时的程序是：开孔→_____→固定线管→穿牵引线→布线。

2. 常用的 PVC 线槽规格有：_____等。

3. 安装线槽时，用水泥钉或者自攻丝把线槽固定在墙面上，固定距离为_____毫米左右，必须保证长期牢固。

4. 两根线槽之间的接缝必须小于_____毫米，盖板接缝宜与线槽接缝错开。

二、简答题

1. 简述线管弯管成型操作过程。

2. 简述 PVC 线槽布线施工步骤。

实训项目

【实训名称】

PVC 线管、线槽安装实训。

【实训内容】

按照图 2 - 38 所示位置和要求，完成 FD3 配线子系统线管/线槽安装和布线。

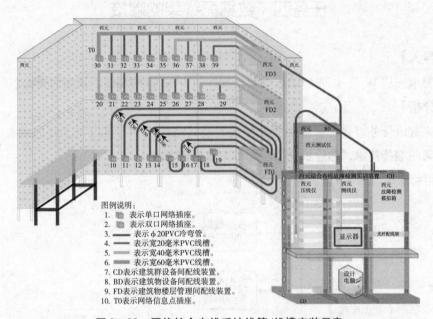

图例说明：
1. ▣ 表示单口网络插座。
2. ▣ 表示双口网络插座。
3. ── 表示 φ20PVC 冷弯管。
4. ── 表示宽 20 毫米 PVC 线槽。
5. ── 表示宽 40 毫米 PVC 线槽。
6. ── 表示宽 60 毫米 PVC 线槽。
7. CD 表示建筑群设备间配线装置。
8. BD 表示建筑物设备间配线装置。
9. FD 表示建筑物楼层管理间配线装置。
10. TO 表示网络信息点插座。

图 2 - 38　网络综合布线系统线管/线槽安装示意

【实训步骤】

第一步：分组，2~3 人组成一组进行分工操作。

第二步：准备材料和工具，按照图 2 - 38 所示要求列出材料和工具清单，准备实训材料和工具。

第三步：根据实训要求和路由，先量好线槽的长度，再使用电动起子在线槽上开 8 毫米孔，孔位置必须与实训装置安装孔对应，每段线槽至少开两个安装孔。

第四步：用 M6 × 16 螺钉把线槽固定在实训装置上。

第五步：在需要安装管卡的路由上安装管卡。

第六步：安装 PVC 线管。

第七步：布线，边布线边装盖板，必须做好线标。

【实训点评】

质量要求：

1. PVC 线管/线槽安装位置正确。

2. 线槽线管安装保证横平竖直。

3. 弯头制作正确、接缝小于 1 毫米。

4. 布线路由正确。

5. 预留长度合理。

任务四　数据配线架的端接

【任务导入】

现要求完成 19 英寸 24 口超五类数据配线架 1—4 口的端接。该如何操作？

【任务分析】

要完成该任务需要了解常用数据配线架及其结构，学习其电气工作原理，学会数据配线架的端接技术，然后根据所学即可完成任务要求。

【任务目标】

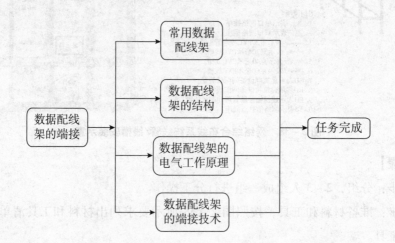

【任务实施】

一、常用数据配线架

常用的数据配线架一般为 19 英寸 1U 24 口，如图 2－39 所示，也有 2U 48 口，如图 2－40 所示。

图 2 - 39 24 口数据配线架

图 2 - 40 48 口数据配线架

二、数据配线架的结构

下面以工程大量使用的 19 英寸 24 口超五类数据配线架为例，其结构如下：

（1）如图 2 - 41 所示，外形尺寸为长 482.6 毫米（19 英寸），宽 33 毫米，高 44.45 毫米。

（2）每个配线架面板上安装有 4 组 6 个 RJ45 口模块单元，面板正面共计有 24 个 RJ45 端口，每个 RJ45 端口对应背面的 1 个网络模块，并且通过电路板和模块连接。每个端口下面印刷有 1 - 24 的端口编号，上面设置有编号标签。

（3）面板两端各有 2 个 ϕ8 毫米安装孔，左右孔距为 465.1 毫米，上下孔距为 31.75 毫米。适合直接安装在 19 英寸标准机架。

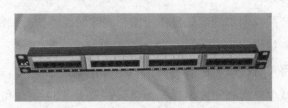

图 2 - 41 19 英寸 24 口超五类数据配线架正面

（4）每个配线架背面安装有电路板和两排合计 24 个模块，每个模块有 8 个刀片，两排模块之间贴有标签，标签上印刷有 T568A 和 T568B 线序色谱、与前面板插口对应的模块编号、配线架类型，例如 CAT 5e 等标记，如图 2 - 42 所示。

图 2 - 42 19 英寸 24 口超五类数据配线架背面

三、数据配线架的电气工作原理

如图 2 - 43 所示，每个配线架背面设计有 24 个网络模块，用于端接网线。每个网络模块有 8 个打线槽。每个打线槽内安装有 1 个刀片，刀片通过电路板与 RJ45 口的弹簧连接，如图 2 - 44 所示。线芯压入打线槽时，弹簧刀片划破绝缘层，夹紧铜线芯导体，实现电气连接。

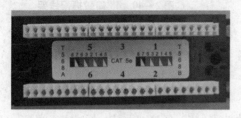

图 2 - 43　网络模块实物

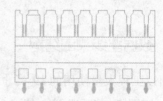

图 2 - 44　网络模块示意

四、数据配线架的端接技术

1. 端接工具

端接工具包括剥线钳 1 把，用于剥除网线外护套。斜口钳 1 把，用于剪掉撕拉线。打线钳 1 把，用于压线和打断多余的线头。

2. 端接方法与步骤

第一步：根据产品说明书规定和操作习惯，剥除网线外护套，例如 40 毫米。

第二步：剪掉撕拉线。

第三步：用手将 4 对线按照色谱压入 8 个打线槽内的刀片中，如图 2 - 45 所示。为了避免剥线太长，减少串扰和回波损耗等，建议首先压入 34 线对和 56 线对，然后再压入 12 和 78 线对。

第四步：用打线钳垂直插入打线槽，向下用力就能将线芯压到位，同时打断多余的线头，如图 2 - 46 所示。若线头未打断，可进行二次打线。

3. 安装方法

用螺丝、螺母、垫圈，将数据配线架安装在机架上，保证配线架与机架安装牢固。

图 2 - 45　线芯压入打线槽

图 2 - 46　打线钳打线

【任务总结】

通过该任务学会了数据配线架的端接技术，对数据配线架的结构和工作原理有了一定的认识，能够独立完成数据配线架的端接工作。

练习题

一、填空题

1. 常用的数据配线架一般为 19 英寸 1U ＿＿＿＿＿口。

2. 19 英寸 24 口超五类数据配线架长 482.6 毫米，宽 33 毫米，高＿＿＿＿＿毫米。

3. 19 英寸 24 口超五类数据配线架中，每个配线架面板上安装有＿＿＿＿＿组＿＿＿＿＿个 RJ45 口模块单元。

4. 19 英寸 24 口超五类数据配线架中，面板两端各有＿＿＿＿＿个 $\phi8$ 安装孔，左右孔距为 465.1 毫米，上下孔距为 31.75 毫米。适合直接安装在 19 英寸标准机架。

二、简答题

1. 简述数据配线架的结构。
2. 简述数据配线架的电气工作原理。

实训项目

【实训名称】

数据配线架的端接实训。

【实训内容】

完成 19 英寸 24 口超五类数据配线架 1—12 口的端接。

【实训步骤】

第一步：剥掉绝缘护套。

第二步：拆开 8 根线。

第三步：将线压入打线槽。

第四步：打线。

第五步：盖上防尘盖。

【实训点评】

1. 线序和端接正确。
2. 剪掉牵引线。
3. 剥线长度合适。
4. 保证电气连通。

任务五　语音配线架的端接

【任务导入】

现要求完成 25 口语音配线架 1—15 口的端接。该如何操作?

【任务分析】

要完成该任务需要了解常用语音配线架及其结构,学习其电气工作原理,学会语音配线架的端接技术,然后根据所学即可完成任务要求。

【任务目标】

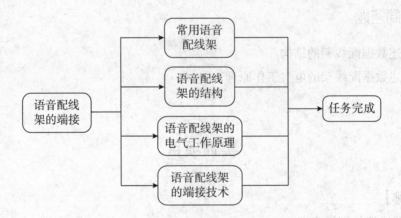

【任务实施】

一、常用语音配线架

语音配线架主要使用在语音通信系统,一般安装在管理间或者设备间,模块与 110 通信跳线架或者语音信息点连接,面板插口通过跳线和语音交换机连接,如图 2 - 47 所示。

语音配线架分为四针的 RJ11 口、六针的 RJ12 口和八针的 RJ45 口等多种规格,常见的为 25 口,与 25 对大对数电缆配合应用。

图 2 – 47　语音配线架

二、语音配线架的结构

（1）常见的语音配线架外形尺寸为：长 482.6 毫米（19 英寸），宽 133 毫米，高 44.45 毫米。

（2）配线架后端设计有"T"形理线排，每个理线排对应一个语音模块。机箱上有接地端子，接地端子上安装有接地线；接地线两端压接有线鼻子，一端与接地端子可靠连接，另一端与机架可靠连接。

（3）语音配线架面板两端设计有 4 个安装孔，左右孔距为 465.1 毫米，上下孔距为 31.75 毫米，用于将配线架安装到机架上。

三、语音配线架的电气工作原理

每个配线架有 25 个语音模块，用于端接缆线。每个语音模块设计有四个打线槽，如图 2 – 48 所示，每个打线槽内安装有 1 个刀片，每个刀片通过电路板分别与 RJ45 口的 3456 弹簧连接，线芯压入打线槽时，弹簧刀片划破绝缘层，夹紧铜线芯导体，实现电气连接功能，如图 2 – 49 所示。

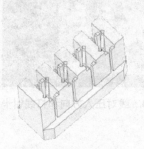

图 2 – 48　塑料线柱

图 2 – 49　刀片划破绝缘层

四、语音配线架的端接技术

1. 端接工具

端接工具包括电缆剥皮器 1 把，用于剥除电缆外护套，如图 2 – 50 所示。斜口钳 1 把，用于剪掉撕拉线和塑料包带。打线钳 1 把，用于将缆线压到位，同时剪断多余的线头，如图 2 – 51 所示。

图 2 – 50　电缆剥皮器

图 2 – 51　打线钳

2. 端接方法与步骤

25 对大对数电缆共有 25 对双绞线，下面以白蓝、白橙这两对双绞线为例，说明语音配线架模块的端接方法。

第一步：根据产品说明书规定和操作习惯，剥除电缆外护套。

第二步：剪掉撕拉线和塑料包带。

第三步：用线扎固定大对数电缆，然后在打线槽位置，局部旋开白蓝、白橙线对。按照白色在 4 口，蓝色、橙色在 5 口的线序，压入配线架对应的 4 个打线槽中，如图 2 – 52所示。

第四步：如图 2 – 53 所示，用打线钳垂直插入打线槽，向下用力就能将线芯压到位，同时剪断多余的线头。若线头未剪断，可进行二次打线。特别注意：线对压入方向和打线钳卡入方向，剪刀面朝向线头。

图 2 – 52　线芯压入打线槽

图 2 – 53　线对压入方向和打线钳卡入方向

3. 安装方法与步骤

第一步：用螺丝、螺母、垫圈，将语音配线架安装到机架上，保证配线架与机架安装牢固。

第二步：将接地线与机架相连。

【任务总结】

通过该任务学会了语音配线架的端接技术，对语音配线架的结构和工作原理有了一定的认识，能够独立完成语音配线架的端接工作。

练习题

一、填空题

1. 语音配线架分为四针的 RJ11 口、六针的 RJ12 口和八针的 RJ45 口等多种规格，常见的为_____口，与 25 对大对数电缆配合应用。

2. 常见的语音配线架外形尺寸为：长 482.6 毫米（19 英寸），宽 133 毫米，高_____毫米。

3. 语音配线架后端设计有"T"形理线排，每个理线排对应_____个语音模块。

4. 语音配线架面板两端设计有_____个安装孔，左右孔距为 465.1 毫米，上下孔距为 31.75 毫米，用于将配线架安装到机架上。

二、简答题

1. 简述语音配线架的结构。
2. 简述语音配线架的电气工作原理。

实训项目

【实训名称】

语音配线架的端接实训。

【实训内容】

完成 25 口语音配线架 1—25 口的端接。

【实训步骤】

第一步：剥掉电缆护套。

第二步：剪掉撕拉线和塑料包带。

第三步：用线扎固定大对数电缆。

第四步：打线。

【实训点评】

1. 线序和端接正确。

2. 剪掉牵引线。

3. 剥线长度合适。

4. 保证电气连通。

5. 打线整齐美观。

任务六 110 型跳线架的端接

【任务导入】

现要求完成 110 型跳线架的端接。该如何操作?

【任务分析】

要完成该任务需要了解常用 110 型跳线架的结构, 学习其电气工作原理, 学会 110 型跳线架的端接技术, 然后根据所学即可完成任务要求。

【任务目标】

【任务实施】

一、常用 110 型跳线架

110 型跳线架主要用于终接配线电缆或干线电缆, 并通过跳线连接配线子系统和干线子系统。110 型跳线架是由高分子合成阻燃材料压模而成的塑料件, 它的上面装有若干齿形条, 每行最多可终接 25 对线, 一般需配合五对连接块才能发挥其作用。

二、110 型跳线架的结构

1. 110 型跳线架的结构

110 型跳线架如图 2 – 54 所示, 外形尺寸为: 长 482.6 毫米 (19 英寸), 宽 51 毫米, 高 44.45 毫米。图 2 – 55 为部件图, 由底座和 2 个 50 对无腿跳线架组成。

图 2 – 54 110 型跳线架

图 2 – 55 部件图

2. 底座

底座有 3 个较大的 U 形进出线孔,用于绑扎和固定电缆;两端设计有 4 个安装孔,左右孔距为 465.1 毫米,上下孔距为 31.75 毫米。用于将跳线架安装到机架上。

3. 50 对无腿跳线架

每个 50 对无腿跳线架有防火型基座,基座上有扇形槽,用于放置电缆、标签夹和标签纸。每个 50 对跳线架有 100 个打线槽,每 10 个划分为一个小组。

三、110 型跳线架的电气工作原理

(1) 110 型跳线架模块又称五对连接块,主要是由 1 个塑料注塑件和 10 个刀片组成,如图 2 - 56 所示。

(2) 如图 2 - 57 所示,塑料注塑件有 10 个打线槽,每个打线槽内安装有 1 个刀片,用于压接电缆。上端设计有线标,线标顺序依次是蓝、橙、绿、棕、灰,如图 2 - 58 和图 2 - 59 所示。下端有 10 个圆形穿孔,五对连接块压入配线架槽内时,跳线架上的小圆形凸台卡入五对连接块的圆形穿孔,从而实现两者的牢固连接。

(3) 每个五对连接块有 10 个刀片,线芯压入打线槽时,刀片划破绝缘层,夹紧铜线芯导体,实现电气连接。

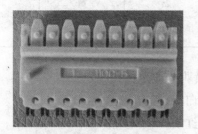

图 2 - 56　五对连接块实物

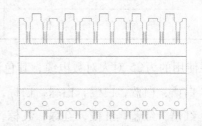

图 2 - 57　五对连接块示意

图 2 - 58　五对连接块线序色标

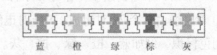

蓝　　橙　　绿　　棕　　灰

图 2 - 59　五对连接块线序色标示意

四、110 型跳线架的端接技术

1. 端接工具

端接工具包括电缆剥皮器 1 把,用于剥除电缆外护套。斜口钳 1 把,用于剪掉撕

拉线和塑料包带。打线钳 1 把，用于将网线压到位，同时打断多余的线头。5 对打线钳 1 把，用于压接五对连接块，如图 2 - 60 所示。110 型跳线架 1 个；五对连接块 5 个，如图 2 - 61 所示。25 对大对数电缆 1 根。

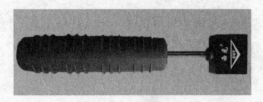
图 2 - 60　5 对打线钳

图 2 - 61　五对连接块

2. 端接方法与步骤

大对数电缆由外护套、撕拉线、塑料包带和双绞线组成。端接时大对数电缆的色谱必须符合相关国际标准和中国标准，共有 10 种颜色组成，如表 2 - 1 所示。

主色为白、红、黑、黄、紫 5 种，副色为蓝、橙、绿、棕、灰 5 种。5 种主色和 5 种副色组成 25 种色谱。

表 2 - 1　　　　　　　　　　　　　10 种颜色排列表

主色	白	红	黑	黄	紫
副色	蓝	橙	绿	棕	灰

本书使用的为 25 对大对数电缆，其色谱如下：

（1）白谱：白蓝，白橙，白绿，白棕，白灰；

（2）红谱：红蓝，红橙，红绿，红棕，红灰；

（3）黑谱：黑蓝，黑橙，黑绿，黑棕，黑灰；

（4）黄谱：黄蓝，黄橙，黄绿，黄棕，黄灰；

（5）紫谱：紫蓝，紫橙，紫绿，紫棕，紫灰。

50 对电缆由 2 个 25 对组成，100 对电缆由 4 个 25 对组成，依次类推。每组 25 对再用副色标识，例如蓝、橙、绿、棕、灰。

下面以 25 对大对数电缆为例，介绍 110 型跳线架的端接方法。

第一步：根据产品说明书规定和操作习惯，剥除电缆外护套。

第二步：剪掉撕拉线和塑料包带。

第三步：用线扎将 25 对大对数电缆固定在跳线架上，然后根据 25 对大对数电缆色谱排列顺序，将对应颜色的线对逐一压入跳线架槽内，如图 2 - 62 所示。再次使用打线钳固定线对连接，同时将伸出槽位外多余的导线打断。注意：打线钳要与跳线架垂直，刀口向外，如图 2 - 63 所示。

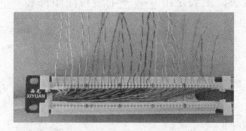
图 2 - 62 将线芯压入跳线架槽内

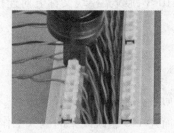
图 2 - 63 打线钳刀口方向

第四步：对应大对数电缆的副色线序，将五对连接块放入 5 对打线钳中，如图 2 - 64 所示。把五对连接块垂直压入跳线架槽内，如图 2 - 65 所示。从左到右完成白谱区、红谱区、黑谱区、黄谱区和紫谱区的安装。端接完成后如图 2 - 66 所示。

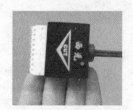
图 2 - 64 放入打线钳

图 2 - 65 5 对打线钳方向

图 2 - 66 端接完成

3. 安装方法

用螺丝、螺母、垫圈，将 110 型跳线架安装到机架上，保证跳线架与机架安装牢固。

【任务总结】

通过该任务学会了 110 型跳线架的端接技术，对 110 型跳线架的结构和工作原理有了一定的认识，能够独立完成 110 型跳线架的端接工作。

练习题

一、填空题

1. 110 型跳线架的上面装有若干齿形条，每行最多可终接_____对线，一般需配合_____才能发挥其作用。

2. 110 型跳线架的外形尺寸为，长 482.6 毫米，宽 51 毫米，高_____毫米。

3. 110 型跳线架的底座有_____个较大的 U 形进出线孔，用于绑扎和固定电缆。

4. 110 型跳线架模块又称五对连接块，主要是由_____个塑料注塑件和_____个刀片组成。

二、简答题

1. 简述 110 型跳线架的结构。

2. 简述 110 型跳线架的电气工作原理。

实训项目

【实训名称】

110 型跳线架的端接实训。

【实训内容】

完成 110 型跳线架的端接。

【实训步骤】

第一步：检查跳线架和配件。

第二步：固定配线架。

第三步：理线。

第四步：压线。

【实训点评】

1. 跳线架固定位置正确。

2. 线序正确。

3. 剥线长度合适。

4. 保证电气连通。

5. 打线整齐美观，不得交叉缠绕。

任务七　网络机柜和设备的安装

【任务导入】

现有一栋三层楼，每层楼需要安装 1 个网络机柜，每个机柜里面需要分别安装 1 个网络配线架、1 个 110 型跳线架和 1 个理线环。该如何操作？

【任务分析】

要完成该任务需要了解网络机柜基本应用和安装技术，学习标准 U 设备的基本知识和安装技术，然后根据所学即可完成任务要求。

【任务目标】

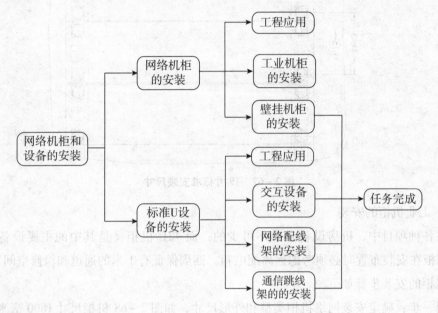

【任务实施】

一、网络机柜的安装

（一）工程应用

机柜的电磁屏蔽性能好、可减少设备噪声、占地面积小、便于管理，被广泛用于综合布线配线设备、网络设备、通信设备等的安装工程中。

一般中小型网络综合布线系统工程中，管理间子系统大多设置在楼道或者楼层竖井内，高度在 1.8 米以上。由于空间有限，经常选用壁挂式网络机柜，常用的有 6U、9U、12U 等。

（二）网络机柜的安装

综合布线系统一般采用 19 英寸宽的机柜，称之为标准机柜，用以安装各种交换机和配线设备，机柜的安装尺寸符合 YDT 1819—2008《通信设备用综合集装架》标准。

该标准适用于可安装各种有源或无源通信设备的集装架，通信设备安装尺寸如图 2 - 67 所示。

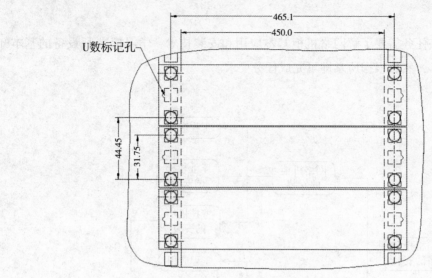

图 2-67　19 寸标准安装尺寸

1. 工业机柜的安装

在各种项目中，机房设备是必不可少的，而 42U 机柜又是其中的主要设备之一。42U 机柜在安装布置时必须考虑远离配电箱，四周保证有 1 米的通道和检修空间。

机柜的安装步骤如下。

第一步：确定安装网络机柜类型和外形尺寸，如图 2-68 机柜尺寸 1800 毫米 ×600 毫米 ×800 毫米。

第二步：规划安装机柜空间，在安装机柜之前首先对可用空间进行规划，如图 2-69 所示。为了便于散热和设备维护，建议机柜前后与墙面或其他设备的距离不应小于 0.8 米，机房的净高不能小于 2.5 米。

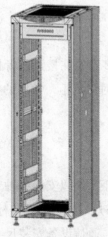

图 2-68　机柜外形

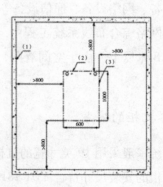

图 2-69　机柜的空间规划

注：（1）是内墙或参考体；（2）是机柜背面；（3）是机柜轮廓。

第三步：安装前的准备，取出机柜配件及工具，并确定安装位置准确无误，否则会导致返工。

第四步：安装机柜，将机柜安放到规划好的位置，确定机柜的前后面，并使机柜的地脚对准相应的地脚定位标记。注意：机柜前后面识别方法：有走线盒的一方为机柜的后面。

第五步：调整机柜，在机柜顶部平面两个相互垂直的方向放置水平尺，检查机柜的水平度。用扳手旋动地脚上的螺杆调整机柜的高度，使机柜达到水平状态，然后锁紧机柜地脚上的锁紧螺母，使锁紧螺母紧贴在机柜的底平面。图2-70为机柜地脚锁紧示意。

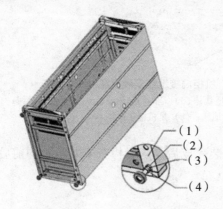

图2-70 机柜地脚锁紧示意

注：（1）是机柜下围框；（2）是机柜锁紧螺母；（3）是机柜地脚；（4）是压板锁紧螺母。

第六步：安装机柜门。一方面，机柜门可以作为机柜内设备的电磁屏蔽层，保护设备免受电磁干扰。另一方面，机柜门可以避免设备暴露外界，防止设备受到破坏，如图2-71所示。

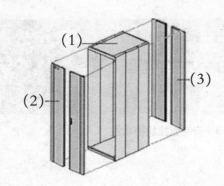

图2-71 机柜前后门示意

注：（1）是机柜；（2）是机柜前门；（3）是机柜后门。

第七步：安装机柜门接地线。机柜前后门安装完成后，需要在其下端轴销的位置附近安装门接地线，使机柜前后门可靠接地。门接地线连接门接地点和机柜下围框上的接地螺钉，如图 2 - 72 所示。

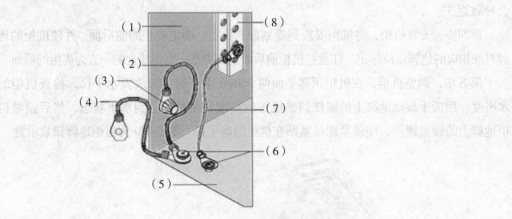

图 2 - 72　机柜门接地线安装示意

注：（1）是机柜侧门；（2）是机柜侧门接地线；（3）是侧门接地点；（4）是门接地线；（5）是机柜下围框；（6）是机柜下围框接地点；（7）是下围框接地线；（8）是机柜接地条。

第八步：机柜安装检查。机柜安装完成后，认真检查安装机柜的前后方向是否正确、牢固、机柜安装是否水平。

2. 壁挂机柜的安装

实际工程中，壁挂式机柜一般安装在墙面，高度在 1.8 米以上。在进行综合布线实训时，可以根据实训设计需要和操作方便，自己设计安装高度和位置。

第一步：设计壁挂式机柜安装位置，准备安装材料和工具。

第二步：按照设计位置，使用螺丝固定壁挂式网络机柜。

第三步：安装完毕后，做好设备编号。安装图如 2 - 73 所示。

图 2 - 73　安装壁挂机柜示意

二、标准 U 设备的安装

（一）工程应用

在综合布线施工中，网络设备都安装在管理间和设备间的机柜内，主要用于管理间和设备间的缆线端接，从而构成一个完整的综合布线系统。网络设备主要包括有：

网络交换机、网络配线架、110 跳线架、理线环等。

（二）标准 U 设备的安装

网络综合布线施工安装的设备都是标准 U 设备，本节主要做标准 U 设备的安装介绍。

1. 交换机、路由器等交互设备的安装

设备在安装前首先检查产品外包装完整和开箱检查产品，收集和保存配套资料。这里以安装交换机为例介绍设备的安装步骤。交换机包装箱内一般包括 1 台交换机、2 个 L 型支架、1 根电源线、1 个管理电缆、4 个橡皮脚垫、配套安装螺钉。

安装步骤如下。

第一步：从包装箱内取出交换机设备。

第二步：安装交换机两侧 L 形支架，安装时要注意支架方向，如图 2－74 所示。

第三步：将交换机放到机柜中提前设计好的位置，用螺钉固定到机柜立柱上，一般交换机上下要留一些空间用于空气流通和设备散热，如图 2－75 所示。

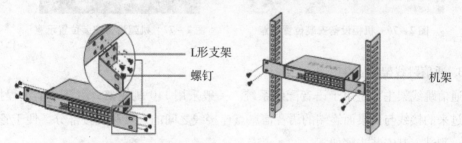

图 2－74　交换机 L 形支架的安装　　　　图 2－75　交换机上架安装示意

第四步：将交换机外壳接地，将电源线拿出来插在交换机后面的电源接口。

第五步：打开交换机电源，开启状态下查看交换机是否出现抖动现象，如果出现请检查机柜上的固定螺丝松紧情况。

2. 网络配线架的安装

在机柜内部安装配线架前，首先要进行设备位置规划或按照图纸规定确定位置，统一考虑机柜内部的跳线架、配线架、理线环、交换机等设备。同时考虑配线架与交换机之间跳线方便。

缆线采用地面出线方式时，一般缆线从机柜底部穿入机柜内部，配线架宜安装在机柜下部。采取桥架出线方式时，一般缆线从机柜顶部穿入机柜内部，配线架宜安装在机柜上部。缆线采取从机柜侧面穿入机柜内部时，配线架宜安装在机柜中部。

配线架应该安装在左右对应的孔中，水平误差不大于 2 毫米，更不允许左右孔错位安装。

网络配线架的安装步骤如下：

第一步：取出配线架和配件。

第二步：将配线架安装在机架设计位置的立柱上，如图 2 - 76 和图 2 - 77 所示。

第三步：理线。

第四步：端接打线。

第五步：做好标记，安装标签条。

图 2 - 76　机柜设备安装位置示意

图 2 - 77　机架设备安装位置示意

3. 通信跳线架的安装

通信跳线架主要是用于语音配线系统。一般采用 110 跳线架，主要是上级程控交换机过来的接线与到桌面终端的语音信息点连接线之间的连接和跳接部分，便于管理、维护、测试。其安装步骤如下：

第一步：取出 110 跳线架和附带的螺丝。

第二步：利用十字螺丝刀把 110 跳线架用螺丝直接固定在网络机柜的立柱上。

第三步：理线。

第四步：按打线标准把每个线芯按照顺序压在跳线架下层模块端接口中。

第五步：把 5 对连接模块用力垂直压接在 110 跳线架上，完成下层端接。

【任务总结】

通过该任务学会了网络机柜和设备的安装技术，对网络机柜和设备的工程应用有了一定的认识，能够独立完成网络机柜和设备的安装工作。

练习题

一、填空题

1. 一般中小型网络综合布线系统工程中，管理间子系统大多设置在楼道或者楼层竖井内，高度在_____米以上。

2. 综合布线系统一般采用_____英寸宽的机柜，用以安装各种交换机和配线设备。

3. 经常选用壁挂式网络机柜，常用的有6U、_____、12U等。

4. 通信跳线架主要是用于_____配线系统。

二、简答题

1. 简述点壁挂式机柜的安装步骤。

2. 简述标准U设备的安装步骤。

实训项目

【实训名称】

网络机柜的安装实训。

【实训内容】

按照图1-40"建筑群网络综合布线系统模型"所示位置和要求，完成FD1/FD2/FD3配线子系统网络机柜的安装。

【实训步骤】

第一步：分组，准备材料和工具。

第二步：根据图纸要求，确定壁挂式机柜安装位置。

第三步：拆除网络机柜门。

第四步：使用专用螺丝，在设计好的位置安装壁挂式网络机柜。

第五步：安装完毕后，将门再重新安装到位。

第六步：将机柜进行编号。

【实训点评】

1. 安装位置正确。

2. 安装端正。

3. 安装牢固。

任务八 铜缆故障检测与分析

【任务导入】

现需要对已有的综合布线系统中的铜缆部分进行认证测试。该如何操作？

【任务分析】

要完成该任务需要了解测试的基本知识和测试工具，学习测试工具的使用和双绞线的测试方法，然后根据所学即可完成任务要求。

【任务目标】

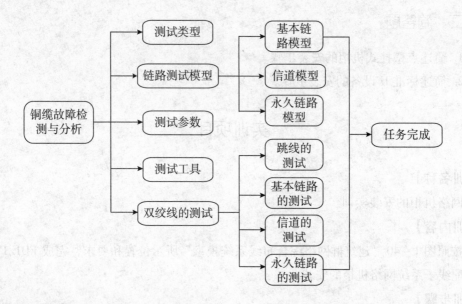

【任务实施】

一、测试类型

从工程的角度可将综合布线工程的测试分为两类：验证测试和认证测试。

验证测试一般是在施工的过程中由施工人员边施工边测试，以保证所完成的每一个连接的正确性。

认证测试是指对布线系统依照标准进行逐项检测，以确定布线是否达到设计要求，包括连接性能测试和电气性能测试。认证测试通常分为自我认证和第三方认证两种类型。

二、链路测试模型

1. 基本链路模型

基本链路包括三部分：最长为 90 米的水平布线电缆、两端接插件和两条 2 米测试设备跳线。基本链路连接模型应符合图 2-78 方式。

2. 信道模型

信道指从网络设备跳线到工作区跳线间端到端的连接，它包括了最长为 90 米的水平布线电缆、两端接插件、一个工作区转接连接器、两端连接跳线和用户终端连接线，信道最长为 100 米。如图 2-79 所示。

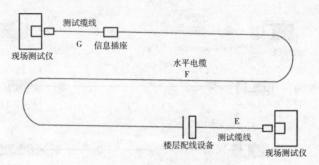

图 2-78 基本链路连接模型

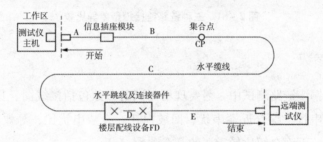

图 2-79 信道连接模型

3. 永久链路模型

永久链路又称固定链路，它由最长为 90 米的水平电缆、两端接插件和转接连接器组成，如图 2-80 所示。H 为从信息插座至楼层配线设备（包括集合点）的水平电缆，H≤90 米。其与基本链路的区别在于基本链路包括两端的 2 米测试电缆。在使用永久链路测试时可排除跳线在测试过程中本身带来的误差，从技术上消除了测试跳线对整个链路测试结果的影响，使测试结果更准确、合理。

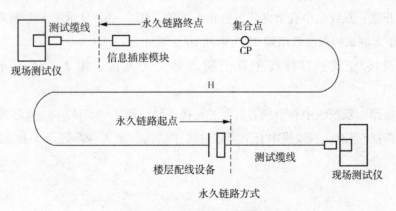

图 2-80 永久链路连接模型

图 2 - 81 显示了三种测试模型之间的差异性，主要体现在测试起点和终点的不同、包含的固定连接点不同和是否可用终端跳线等。

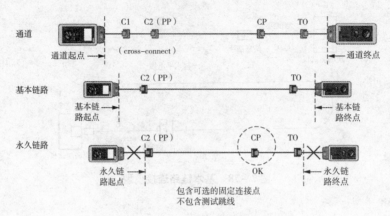

图 2 - 81　三种链路链接模型差异比较

三、测试参数

综合布线的铜缆链路测试中，需要现场测试的参数包括接线图、长度、传输时延、插入损耗、近端串扰、综合近端串扰、回波损耗、衰减串扰比、等效远端串扰和综合等效远端串扰等。下面介绍比较重要的几个参数。

1. 接线图

接线图的测试，主要测试水平电缆终接在工作区或电信间配线设备的 8 位模块式通用插座的安装连接是否正确。正确的线对组合为 1/2、3/6、4/5、7/8，分为非屏蔽和屏蔽两类，对于非 RJ45 的连接方式按相关规定要求列出结果，布线过程中可能出现以下正确或错误的连接图测试情况。图 2 - 82 所示为正确接线的测试结果。

对布线过程中出现错误的连接图测试情况分析如下。

（1）开路：双绞线中有个别芯没有正确连接，图 2 - 83 显示第 8 芯断开，且中断位置分别距离测试的双绞线两端 22.3 米和 10.5 米处。

（2）反接/交叉：双绞线中有个别芯对交叉连接，图 2 - 84 显示 1、2 芯交叉。

（3）短路：双绞线中有个别芯对铜芯直接接触，图 2 - 85 显示 3、6 芯短路。

（4）跨接/错对：双绞线中有个别芯对线序错接，图 2 - 86 显示 1 和 3、2 和 6 两对芯错对。

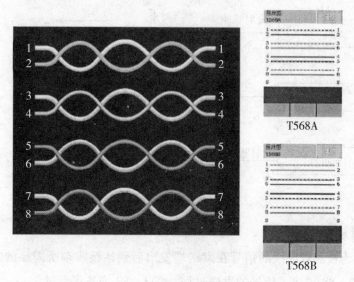

图 2 - 82 正确接线图

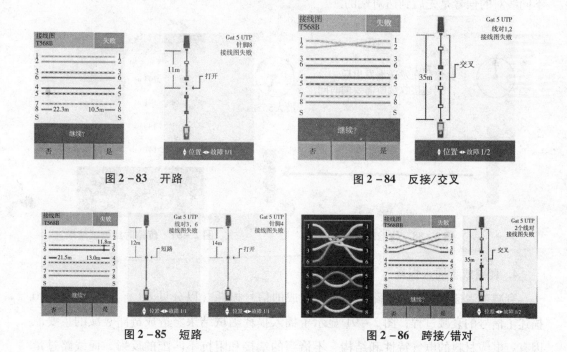

图 2 - 83 开路

图 2 - 84 反接/交叉

图 2 - 85 短路

图 2 - 86 跨接/错对

2. 长度

长度为被测双绞线的实际长度。长度测量的准确性主要受几个方面的影响：缆线的额定传输速度（NVP）、绞线长度与外皮护套的长度，以及沿长度方向的脉冲散射。NVP 表示的是信号在缆线中传输的速度，以光速的百分比形式表示。图 2 - 87 说明了一个信号在链路短路、开路和正常状态下的三种传输状态。

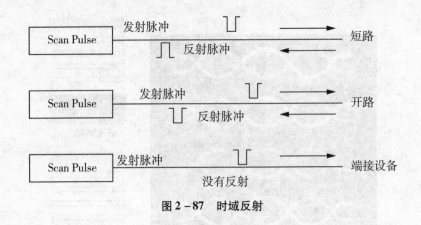

图 2-87　时域反射

3. 传输时延

传输时延为被测双绞线的信号在发送端发出后到达接收端所需要的时间，最大值为 555ns；图 2-88 描述了信号的发送过程，图 2-89 描述了测试结果，从中可以看到不同线对的信号是先后到达对端的。

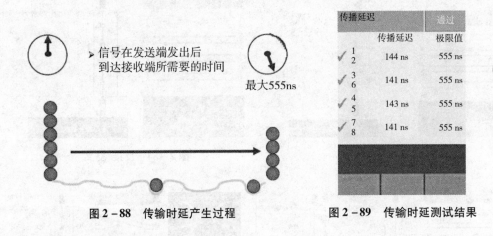

图 2-88　传输时延产生过程　　　　图 2-89　传输时延测试结果

4. 衰减或者插入损耗

衰减或者插入损耗为链路中传输所造成的信号损耗（以分贝 dB 标示）。图 2-90 描述了信号的衰减过程；图 2-91 显示了插入损耗测试结果。造成链路衰减的主要原因有：电缆材料的电气特性和结构、不恰当的端接和阻抗不匹配的反射，而线路过量的衰减会使电缆链路传输数据变得不可靠。

5. 串扰

串扰是测量来自其他线对泄漏过来的信号。图 2-92 显示了串扰的形成过程。串扰又可分为近端串扰（NEXT）和远端串扰（FEXT）。NEXT 是在信号发送端（近端）进行测量。图 2-93 显示了 NEXT 的形成过程。对比图 2-92 和图 2-93 可知，NEXT

只考虑了近端的干扰，忽略了对远端的干扰。

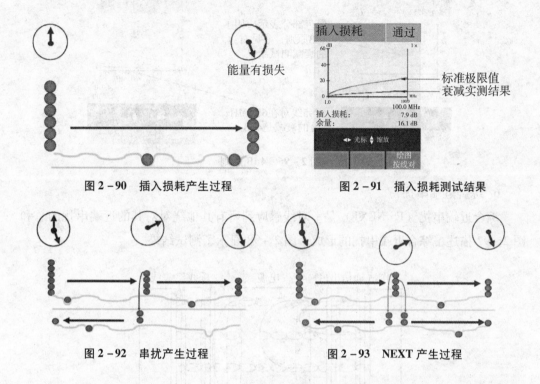

图 2-90　插入损耗产生过程　　　　图 2-91　插入损耗测试结果

图 2-92　串扰产生过程　　　　　　图 2-93　NEXT 产生过程

NEXT 的影响类似于噪声干扰，当干扰信号足够大的时候，将直接破坏原信号或者接收端将原信号错误地识别为其他信号，从而导致站点间歇的锁死或者网络连接失败。

NEXT 又与噪声不同，NEXT 是缆线系统内部产生的噪声，而噪声是由外部噪声源产生的。图 2-94 描述了双绞线各线对之间的相互干扰关系。

NEXT 是频率的复杂函数，图 2-95 描述了 NEXT 的测试结果。图 2-96 显示的测试结果验证了 4dB 原则。在 ISO11801：2002 标准中，NEXT 的测试遵循 4dB 原则，即当衰减小于 4dB 时，可以忽略 NEXT。

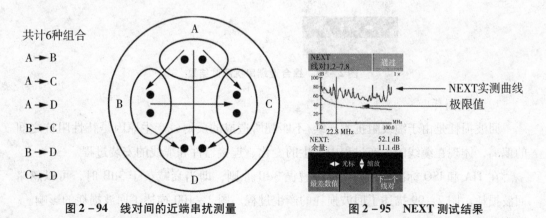

图 2-94　线对间的近端串扰测量　　　　图 2-95　NEXT 测试结果

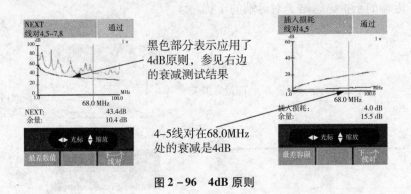

图 2 – 96 4dB 原则

6. 综合近端串扰

综合近端串扰（PS NEXT）是一对线感应到所有其他绕对对其的近端串扰的总和。图 2 –97 描述了综合近端串扰的形成，图 2 –98 显示了测试结果。

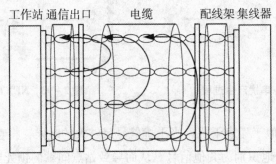

图 2 – 97 综合近端串扰产生过程

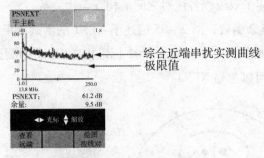

图 2 – 98 综合近端串扰测试结果

7. 回波损耗

回波损耗是由于缆线阻抗不连续/不匹配所造成的反射，产生原因是特性阻抗之间的偏离，体现在缆线的生产过程中发生的变化、连接器件和缆线的安装过程。

在 TIA 和 ISO 标准中，回波损耗遵循 3dB 原则，即当衰减小于 3dB 时，可以忽略回波损耗。图 2 –99 描述了回波损耗的产生过程。图 2 – 100 描述了回波损耗的影响。

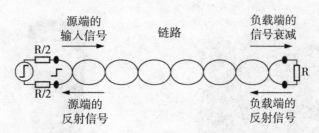

图 2-99　回波损耗产生过程

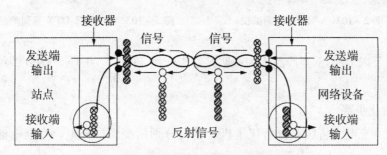

图 2-100　回波损耗的影响

8. 衰减串扰比

衰减串扰比（ACR），类似信号噪声比，用来表征经过衰减的信号和噪声的比值，ACR = NEXT 值-衰减，数值越大越好。图 2-101 描述了 ACR 的产生过程。

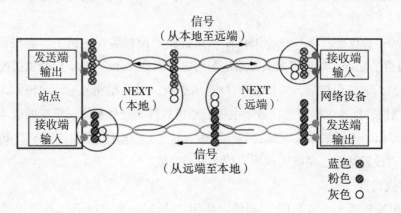

图 2-101　ACR 产生过程

四、测试工具

在综合布线工程中，用于测试双绞线链路的设备通常有通断测试与分析测试两类。前者主要用于链路的简单通断性判定，常用能手测试仪测试，如图 2-102 所示。后者用于链路性能参数的确定，可用 FLUKE DTX 系列产品测试，如图 2-103 所示。

图 2 – 102　"能手"测试仪

图 2 – 103　FLUKE DTX 系列产品

下面主要以 DTX 系列产品作为说明,首先介绍 FLUKE – DTX – 1800 线缆分析仪的操作规范。

1. 初始化步骤

第一步:充电。将线缆分析仪主机、辅机分别用变压器充电,直至电池显示灯转为绿色;

第二步:设置语言。将主机旋钮转至"SET UP"挡位,按右下角绿色按钮开机;使用↓箭头;选中第三条"Instrument setting"(本机设置)按"ENTER"进入参数设置,首先使用→箭头,按一下;进入第二个页面,↓箭头选择最后一项 Language 按"ENTER"进入;↓箭头选择最后一项 Chinese 按"ENTER"选择。将语言选择成中文后才进行以下操作。

第三步:自校准。将 Cat 6/Class E 永久链路适配器装在主机上,辅机装上 Cat 6/Class E 通道适配器。然后将永久链路适配器末端插在 Cat 6/Class E 通道适配器上;打开辅机电源,辅机自检后,"PASS"灯亮后熄灭,显示辅机正常。"SPECIAL FUNC-TIONS"挡位,打开主机电源,显示主机、辅机软件、硬件和测试标准的版本,自测后显示操作界面,选择第一项"设置基准"后,按"ENTER"键和"TEST"键开始自校准,显示"设置基准已完成"说明自校准成功完成。

2. 参数设置

将主机旋钮转至"SET UP"挡位,使用"↑↓"来选择第三条"仪器值设置",按"ENTER"进入参数设置,可以按"←→"翻页,用"↑↓"选择你所需设置的参数,按"ENTER"进入参数修改,用"↑↓"选择你所需采用的参数设置,选好后按ENTER 选定并完成参数设置。

3. 测试

第一步:根据需求确定测试标准和电缆类型。

第二步:关机后将测试标准对应的适配器安装在主机、辅机上,如选择"TIA

CAT5E CHANNEL"通道测试标准时，主辅机安装"DTX – CHA001"通道适配器，如选择"TIA CAT5E PERM. LINK"永久链路测试标准时，主辅机各安装一个"DTX – PLA001"永久链路适配器，末端加装 PM06 个性化模块。

第三步：再开机后，将旋钮转至"AUTO TEST"挡或"SINGLE TEST"。将旋钮转至"SINGLE TEST"，按"↑↓"，选择某个参数，按"ENTER"再按"TEST"即进行单个参数测试。

第四步：将所需测试的产品连接上对应的适配器，按"TEST"开始测试，经过一阵后显示测试结"PASS"或"FAIL"。

4. 查看测试结果

测试后，会自动进入结果。使用"ENTER"按键查看参数明细，用"F2"键"上一页"，用"F3"翻页，按 EXIT 后 按 F3 查看内存数据存储情况；测试后，通过"FAIL"的情况，如需检查故障，选择"X"键查看具体情况。

5. 保存测试结果

刚才的测试结果选择"SAVE"按键存储，使用"←→↑↓"键或"←→"移动光标来选择你想使用的名字，比如"FAXY001"按"SAVE"，来存储。

更换特测产品后重新按"TEST"开始测试新数据，再次按"SAVE"存储数据时，机器自动取名为上个数据加 1，即"FAXY002"，如同意再按再存储。

6. 数据处理

第一步：安装 Linkware 软件。

第二步：将界面转换为中文界面。

第三步：从主机内存下载测试数据到电脑。

第四步：测试数据可作为电子文档保存，也可打印出"自动测试报告"。

五、双绞线的测试

（一）双绞线跳线的测试

双绞线跳线性能测试应使用线缆认证测试仪进行，测试步骤如下：

第一步：工具准备，跳线测试时应使用跳线测试模块进行，将跳线测试模块安装在测试仪上。

第二步：设置基准，使用测试仪设置基准功能将测试仪归零。

第三步：选择测试标准，根据被测跳线类型选择测试标准。

第四步：测试，将被测跳线点端分别插入测试仪主机端和远端的测试端口，点击测试按钮进行测试。

第五步：测试结果，测试完成后，测试仪自动显示被测跳线的测试结果，如有需要，可将测试结果打印输出。

（二）双绞线基本链路的测试

第一步：连接测试仪。确定测试链路的类型为基本链路，并在基本链路两端连接对应的测试仪适配器，如图2－104所示。

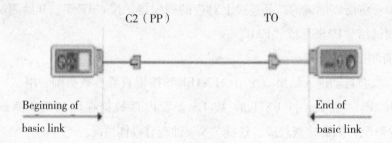

图2－104　基本链路测试连接示意

第二步：设置测试仪。设置测试仪的测试标准、线缆类型、测试极限等相关参数，如图2－105、图2－106、图2－107所示。

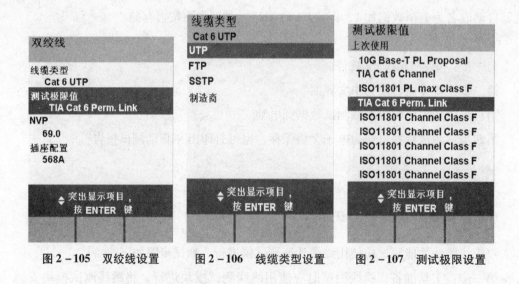

图2－105　双绞线设置　　　图2－106　线缆类型设置　　　图2－107　测试极限设置

第三步：测试基本链路。在测试仪完成后，按"TEST"开始测试，经过一阵后显示测试结"PASS"或"FAIL"，如图2－108、图2－109所示。

第四步：查看测试结果。测试完成后，使用"VIEW RESULT"查看参数明细；测试结果为"FAIL"时，可按"FAULT INFO"键以图形形式显示故障位置，如图2－110所示。

第五步：数据处理。安装 Linkware 软件后，可将测试结果存入电脑，以电子文档的形式保存，也可生成"自动测试报告"。

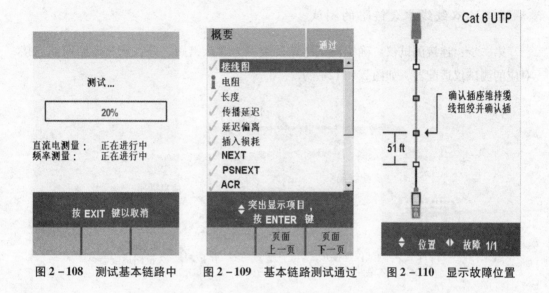

图 2－108　测试基本链路中　　图 2－109　基本链路测试通过　　图 2－110　显示故障位置

（三）双绞线信道的测试

第一步：连接测试仪。确定测试链路的类型为信道链路，并在信道链路两端连接对应的测试仪适配器，如图 2－111 所示。

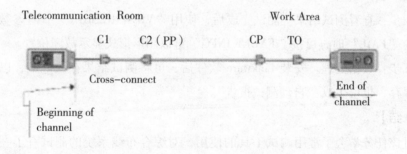

图 2－111　信道测试连接示意

第二步：设置测试仪。设置测试仪的测试标准、线缆类型、测试极限等相关参数。

第三步：测试信道链路。在测试仪完成后，按"TEST"开始测试，经过一阵后显示测试结"PASS"或"FAIL"。

第四步：查看测试结果。测试完成后，使用"VIEW RESULT"查看参数明细；测试结果为"FAIL"时，可按"FAULT INFO"键以图形形式显示故障位置。

第五步：数据处理。安装 Linkware 软件后，可将测试结果存入电脑，以电子文档的形式保存，也可生成"自动测试报告"。

（四）双绞线永久链路的测试

第一步：连接测试仪。确定测试链路的类型为永久链路，并在永久链路两端连接对应的测试仪适配器，如图 2-112 所示。

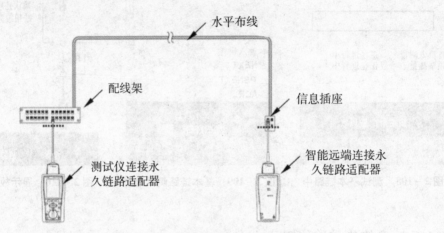

图 2-112　永久链路测试连接示意

第二步：设置测试仪。设置测试仪的测试标准、线缆类型、测试极限等相关参数。

第三步：测试永久链路。在测试仪完成后，按"TEST"开始测试，经过一阵后显示测试结"PASS"或"FAIL"。

第四步：查看测试结果。测试完成后，使用"VIEW RESULT"查看参数明细；测试结果为"FAIL"时，可按"FAULT INFO"键以图形形式显示故障位置。

第五步：数据处理。安装 Linkware 软件后，可将测试结果存入电脑，以电子文档的形式保存，也可生成"自动测试报告"。

【任务总结】

通过该任务学会了常用测试工具的使用，对综合布线系统的测试有了一定的认识和掌握，能够独立完成铜缆故障检测和分析工作。

练习题

一、填空题

1. 从工程的角度可将综合布线工程的测试分为两类：_____和_____。

2. 认证测试通常分为_____和_____两种类型。

3. 常见链路测试模型包括基本链路模型、_____和_____。

4. 传输时延为被测双绞线的信号在发送端发出后到达接收端所需要的时间，最大值为_____ns。

二、简答题

1. 简述双绞线跳线测试的步骤。

2. 简述双绞线永久链路的测试步骤。

实训项目

【实训名称】

铜缆故障检测与分析实训。

【实训内容】

使用 FLUKE1800 线缆分析仪，检测西元故障检测实训装置中已经设定的 12 个永久链路，按照 GB 50312—2007 标准判断每个永久链路检测结果是否合格，判断主要故障类型，分析故障主要原因，并且将检测结果和故障类型、原因等填写在表 2 - 2 中。

表 2 - 2　　　　　　　　综合布线系统常见故障检测分析表

序号	链路名称	检测结果	主要故障类型	主要故障主要原因分析
1	A1 链路			
2	A2 链路			
3	A3 链路			
4	A4 链路			
5	A5 链路			
6	A6 链路			
7	B1 链路			
8	B2 链路			
9	B3 链路			
10	B4 链路			
11	B5 链路			
12	B6 链路			

检测分析人：　　　　　　时间：　年　月　日

【实训步骤】

第一步：打开"西元"综合布线故障检测实训装置电源。

第二步：取出线缆测试仪。

第三步：用测试仪逐条测试链路，根据测试仪显示的数据，判定各条链路的故障位置和故障类型。

第四步：填写故障检测分析表，完成故障测试分析。

【实训点评】

1. 故障检测结果正确。

2. 故障类型判断准确全面。

3. 主要原因分析正确。

情境三　楼宇布线

【知识目标】

1. 能够熟知综合布线系统工程材料统计表的设计相关知识；
2. 能够熟知综合布线工程预算表的设计相关知识；
3. 能够熟知综合布线系统工程施工进度表的设计相关知识；
4. 能够熟知光纤熔接技术的相关知识；
5. 能够熟知光纤冷接技术的相关知识；
6. 能够熟知光缆故障检测与分析的相关知识。

【技能目标】

1. 学会综合布线系统工程材料统计表的设计方法；
2. 学会综合布线工程预算表的设计方法；
3. 学会综合布线系统工程施工进度表的设计方法；
4. 学会光纤熔接的方法；
5. 学会光纤冷接的方法；
6. 学会光缆故障检测与分析方法。

【能力目标】

1. 能够熟练进行综合布线系统工程材料统计表的设计；
2. 能够熟练进行综合布线工程预算表的设计；
3. 能够熟练进行综合布线系统工程施工进度表的设计；
4. 能够熟练进行光纤熔接机和工具的使用；
5. 能够熟练进行光纤熔接的相关操作；
6. 能够熟练进行快速连接头的制作；
7. 能够熟练进行光纤冷接子的制作；
8. 能够熟练进行光纤测试工具的使用；
9. 能够熟练进行光缆故障检测与分析。

任务一　综合布线系统工程材料统计表的设计

【任务导入】

现要求以给定的"建筑群网络综合布线系统模型"作为网络综合布线系统工程实例，按照要求完成对应综合布线系统工程材料统计表的设计。该如何操作?

【任务分析】

要完成该任务需要了解综合布线系统工程材料统计表及其相关工程应用，学习编制综合布线系统工程材料统计表的相关要点，熟知综合布线系统工程材料统计表的设计步骤，然后根据所学即可完成任务要求。

【任务目标】

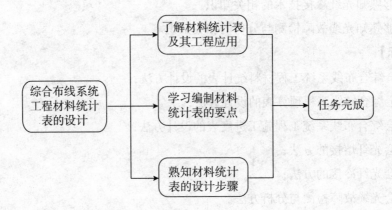

【任务实施】

一、综合布线系统工程材料统计表

材料表主要用于工程项目材料采购和现场施工管理。

二、综合布线系统工程材料统计表的工程应用

工程材料表是施工方内部使用的技术文件，详细清楚记录了全部主材、辅助材料和消耗材料等。

三、编制综合布线系统工程材料统计表的要点

1. 表格设计合理

一般使用 A4 幅面竖向排版的文件，要求表格打印后，表格宽度和文字大小合理，编号清楚，特别是编号数字不能太大或者太小，一般使用小四或者五号字。

2. 文件名称正确

材料表一般按照项目名称命名，要在文件名称中直接体现项目名称和材料类别等信息。

3. 材料名称和型号准确

材料表主要用于材料采购和现场管理。因此，材料名称和型号必须正确，并且使用规范的名词术语。例如双绞线电缆不能只写"网线"，必须清楚地标明是超五类电缆还是六类电缆，是屏蔽电缆还是非屏蔽电缆，是室内电缆还是室外电缆，重要项目甚至要规定电缆的外观颜色和品牌。因为每个产品的型号不同，往往在质量和价格上有很大差别，对工程质量和竣工验收有直接的影响。

4. 材料规格齐全

综合布线工程实际施工中，涉及缆线、配件、辅助材料、消耗材料等很多品种或者规格，材料表中的规格必须齐全。如果缺少一种材料就可能影响施工进度，也会增加采购和运输成本。例如：信息插座面板就有双口和单口的区别，有平口和斜口两种，不能只写信息插座面板多少个，必须写出双口面板多少个，单口面板多少个。

5. 材料数量满足需要

在综合布线实际施工中，现场管理和材料管理非常重要，管理水平低材料浪费就大，管理水平高，材料浪费就比较少。例如网络电缆每箱为305米，标准规定永久链路的最大长度不宜超过90米，而在实际布线施工中，多数信息点的永久链路长度在20～40米，往往将305米的网络电缆裁剪成20～40米使用，这样每箱都会产生剩余的短线，这就需要有人专门整理每箱剩余的短线，首先用在比较短的永久链路。因此，在布线材料数量方面必须结合管理水平的高低，规定合理的材料数量，考虑一定的余量，满足现场施工需要。同时还要特别注明每箱电缆的实际长度要求，不能只写多少箱，因为市场上有很多产品长度不够，往往标注的是305米，实际长度不到300米，甚至只有260米，如果每件产品缺尺短寸，就会造成材料数量短缺。因此在编制材料表时，电缆和光缆的长度一般按照工程总用量的5%～8%增加余量。

6. 考虑低值易耗品

在综合布线施工和安装中，大量使用RJ45模块、水晶头、安装螺丝、标签纸等这些小件材料，这些材料不仅容易丢失，而且管理成本也较高，因此对于这些低值易耗材料，适当增加数量，不需要每天清点数量，增加管理成本。一般按照工程总用量的10%增加。

7. 签字和日期正确

编制的材料表必须有签字和日期，这是工程技术文件不可缺少的。

四、综合布线系统工程材料统计表的设计步骤

下面我们以如图 1 – 34 所示的西元综合布线教学模型和如图 2 – 9 所示的二层施工图为例，说明编制材料表的方法和步骤。

1. 文件命名和表头设计

创建 1 个 A4 幅面的 Word 文件，填写基本信息和表格类别，同时给文件命名。如表 3 – 1 所示，基本信息填写在表格上面，内容为"项目名称：西元教学模型，建筑物名称：2 号楼，楼层：二层，文件编号：XY03 – 2 – 2"，表格类别填写在第一行，内容为：序号、材料名称、型号或规格、数量、单位、品牌或厂家、说明。

表 3 – 1　　　　西元综合布线教学模型二层布线材料

项目名称：西元教学模型　建筑物名称：2 号楼　楼层：二层　文件编号：XY03 – 2 – 2

序号	材料名称	型号或规格	数量	单位	品牌	说明
1	网络电缆	超五类非屏蔽电缆	12	米	西元	305 米/箱
2	信息插座底盒	86 型透明	12	个	西元	
3	信息插座面板	86 型透明	12	个	西元	带螺丝 2 个
4	网络模块	超五类非屏蔽	12	个	西元	
5	语音模块	RJ11	12	个	西元	
6	线槽	39 × 18/20 × 10	3.5/4	米	西元	
7	线槽直角	39 × 18/20 × 10	0/4	个	西元	
8	线槽堵头	39 × 18/20 × 10	2/1	个	西元	
9	线槽阴角	39 × 18/20 × 10	1/1	个	西元	
10	线槽阳角	39 × 18/20 × 10	1/0	个	西元	
11	线槽三通	39 × 18/20 × 10	0/1	个	西元	
12	安装螺丝	M6 × 16	20	个	西元	

编制人签字：樊果　　　审核人签字：蔡永亮　　　审定人签字：王公儒
编制单位：西安开元电子实业有限公司　　　时间：2012 年 4 月 20 日

2. 填写序号栏

序号直接反应该项目材料品种的数量。一般自动生成，使用"1""2"等数字，不要使用"一""二"等。

3. 填写材料名称栏

材料名称必须正确，并且使用规范的名词术语。例如表 3 – 1 中，第 1 行填写"网

络电缆"，不能只写"电缆"或者"缆线"等，因为在工程项目中还会用到 220 伏或者 380 伏交流电缆，容易混淆，"缆线"的概念是光缆和电缆的统称，也不准确。

4. 填写材料型号或规格栏

名称相同的材料，往往有多种型号或者规格，就网络电缆而言，就有五类、超五类和六类，屏蔽和非屏蔽，室内和室外等多个规格。例如表 3-1 第 1 行就填写"超五类非屏蔽室内电缆"。

5. 填写材料数量栏

材料数量中，必须包括网络电缆、模块等余量，对有独立包装的材料，一般按照最小包装数量填写，数量必须为"整数"。例如网络电缆，每箱为 305 米，就填写"10箱"，而不能写"9.5 箱"或者"2898 米"。对规格比较多，不影响现场使用的材料，可以写成总数量要求，例如 PVC 线管，市场销售的长度规格有 4 米、3.8 米、3.6 米等，就可以写成"200 米"，能够满足总数量要求就可以了。

6. 填写材料单位栏

材料单位一般有"箱""个""件"等，必须准确，也不能没有材料单位或者错误。例如把 PVC 线管如果只有数量"200"，没有单位时，采购人员就不知道是 200 米，还是 200 根。

7. 填写材料品牌或厂家栏

同一种型号和规格的材料，不同的品牌或厂家，产品制造工艺往往不同，质量也不同，价格差别也很大，因此必须根据工程需求，在材料表中明确填写品牌和厂家，基本上就能确定该材料的价格，这样采购人员就能按照材料表要求准确的供应材料，保证工程项目质量和施工进度。

8. 填写说明栏

说明栏主要是把容易混淆的内容说明清楚，例如表 3-1 中第 1 行网络电缆说明"每箱 305 米"。

9. 填写编制者信息

在表格的下边，需要增加文件编制者信息，文件打印后签名，对外提供时还需要单位盖章。例如表 3-1 中，"编制人签字：樊果，审核人签字：蔡永亮，审定人签字：王公儒，编制单位：西安开元电子实业有限公司，时间：2012 年 4 月 20 日"。

【任务总结】

通过该任务学会了综合布线系统工程材料统计表的设计，对综合布线系统工程材料统计表的工程应用有了一定的认识，熟知编制综合布线系统工程材料统计表的要点和设计步骤，能够独立完成综合布线系统工程材料统计表的相关设计任务。

练习题

一、填空题

1. 工程材料表是施工方内部使用的技术文件，详细清楚记录了全部主材、辅助材料和_____等。

2. 标准规定永久链路的最大长度不宜超过_____米。

3. 工程材料表中，低值易耗材料一般按照工程总用量的_____增加。

4. 信息插座面板就有双口和_____的区别，有平口和_____两种

二、简答题

1. 简述综合布线系统工程材料统计表的设计要点，至少说明四点。

2. 简述综合布线系统工程材料统计表的设计步骤。

实训项目

【实训名称】

材料统计表设计实训。

【实训内容】

按照如图 1-34 和表 3-1 所示的格式编制该网络综合布线系统材料统计表。

【实训步骤】

第一步：文件命名和表头设计。

第二步：填写序号栏。

第三步：根据使用的材料，填写材料名称栏。

第四步：根据使用的材料规格，填写材料型号或规格栏。

第五步：根据使用的材料数量，填写材料数量栏。

第六步：填写材料单位栏。

第七步：填写材料品牌或厂家栏。

第八步：填写说明栏。

第九步：填写编制者信息。

第十步：打印材料统计表。

【实训点评】

1. 项目名称正确。要求名称中必须有"××项目材料统计表"字样。

2. 表格设计合理。要求行、列宽度合适，项目齐全，名称正确。

3. 料名称（种类）数量正确。

4. 材料规格/型号正确。

5. 数量准确或者合理。

6. 签字正确。要求填写设计人。

7. 日期正确。

任务二　综合布线工程预算表的设计

【任务导入】

现要求以给定的"建筑群网络综合布线系统模型"作为网络综合布线系统工程实例，按照要求完成对应综合布线工程预算表的设计。该如何操作？

【任务分析】

要完成该任务需要了解综合布线工程预算表及其相关工程应用，学习编制综合布线工程预算表的相关要点，熟知综合布线工程预算表的设计步骤，然后根据所学即可完成任务要求。

【任务目标】

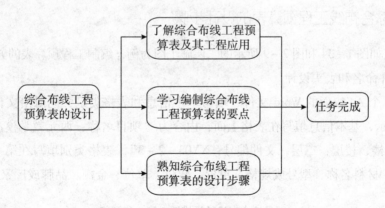

【任务实施】

一、综合布线工程预算表

工程预算表可以按照 2 种方式编制，一种是按照 IT 行业的预算方式，一种是按照国家定额方式。

二、综合布线工程预算表的工程应用

综合布线工程预算是综合布线设计环节的一部分，它对综合布线项目工程的造价估算和投标估价及后期的工程决算都有很大的影响。

三、编制综合布线工程预算表的要点

（1）收集资料、熟悉图纸。在编制预算前，应收集有关资料，如工程概况、材料和设备的价格、所用定额、有关文件等，并熟悉图纸，为准确编制预算做好准备。

（2）表格设计合理。一般使用 A4 幅面竖向排版的文件，要求表格打印后，表格宽度和文字大小合理，编号清楚，特别是编号数字不能太大或者太小，一般使用小四或者五号字。

（3）计算材料数量。根据设计图纸，计算出全部材料数量，并填入相应表格中。

（4）套用定额，选用价格。根据汇总的工程量，套用《综合布线工程预算定额项目》，并分别套用相应的价格，或者使用当时的市场价格。

（5）计算各项费用。根据费用定额的有关规定，计算各项费用并填入相应的表格中。

（6）拟写编制说明。按编制说明内容的要求，拟写说明编制中的有关问题。

（7）审核出版，填写封皮，装订成册。

（8）其他要求同"综合布线系统工程材料统计表"要求。

四、综合布线工程预算表的设计步骤

下面以如图 1-34 和图 2-9 所示的二层施工图为例，编制工程预算表的方法和步骤。

1. 文件命名和表头设计

创建 1 个 A4 幅面的 Word 文件，填写基本信息和表格类别，同时给文件命名。如表 3-2 所示，基本信息填写在表格上面，内容为"项目名称：西元教学模型，建筑物名称：2 号楼，楼层：二层，文件编号：XY03-2-3"，表格类别填写在第一行，内容为"序号、材料名称、型号或规格、单价、数量、单位、金额、品牌或厂家"。

表 3-2　　　　　　　　西元综合布线教学模型二层工程预算

项目名称：西元教学模型　　　建筑物名称：2 号楼　　　楼层：二层　　　文件编号：XY03-2-3

序号	材料名称	型号或规格	单价	数量	单位	金额（元）	品牌
1	网络机柜	标准 U 机柜	100	1	个	100	西元
2	网络配线架	6 口 1U	50	2	个	100	西元

序号	材料名称	型号或规格	单价	数量	单位	金额（元）	品牌
3	网络交换机	8 口 1U	400	1	台	400	西元
4	网络电缆	超五类非屏蔽电缆	3.5	12	米	42	西元
5	信息插座底盒	86 型透明	3	12	个	36	西元
6	信息插座面板	86 型透明	5	12	个	60	西元
7	网络模块	超五类非屏蔽	15	12	个	180	西元
8	语音模块	RJ11	15	12	个	180	西元
9	线槽	39×18	4	3.5	米	14	西元
10		20×10	2	4	米	8	西元
11	线槽直角	20×10	1	4	个	4	西元
12	线槽堵头	39×18	1	2	个	2	西元
13		20×10	1	1	个	1	西元
14	线槽阴角	39×18	1	11	个	11	西元
15		20×10	1	1	个	1	西元
16	线槽阳角	39×18	1	1	个	1	西元
17	线槽三通	20×10	1	1	个	1	西元
18	安装螺丝	M6×16	1	20	个	20	西元
19	设备总价（不含测试费）					1161	
20	设计费（5%）					58	
21	测试费（5%）					58	
22	督导费（5%）					58	
23	施工费（15%）					175	
24	税金（4%）					60	
25	总　计					1570	

编制人签字：樊果　　审核人签字：蔡永亮　　审定人签字：王公儒

编制单位：西安开元电子实业有限公司　　　时间：2012 年 4 月 20 日

2. 填写序号栏

序号直接反映该项目材料品种的数量。一般自动生成，使用数字"1""2"等数字，不要使用"一""二"等。

3. 填写材料名称栏

材料名称必须正确，并且使用规范的名词术语。

4. 填写材料型号或规格栏

名称相同的材料，往往有多种型号或者规格，就网络电缆而言，就有五类、超五类和六类，屏蔽和非屏蔽，室内和室外等多个规格。

5. 填写单价栏

单价栏主要是填写设备及材料价格。本栏价格可以使用当时的市场价格，也可以使用国家定额中规定的价格。

6. 填写材料数量栏

材料数量中，必须包括网络电缆、模块等余量，对有独立包装的材料，一般按照最小包装数量填写，数量必须为"整数"。

7. 填写材料单位栏

材料单位一般有"箱""个""件"等，必须准确，也不能没有材料单位或者错误。

8. 填写金额栏

根据填写的单价和数量计算，将计算结果填写到金额栏中。

9. 填写材料品牌或厂家栏

同一种型号和规格的材料，不同的品牌或厂家，产品制造工艺往往不同，质量也不同，价格差别也很大，因此必须根据工程需求，在材料表中明确填写品牌和厂家，基本上就能确定该材料的价格，这样采购人员就能按照材料表要求准确的供应材料，保证工程项目质量和施工进度。

10. 计算设计费、施工费等

根据设备总价按照相应的比例计算设计费、施工费。

11. 填写税金

税金是按照设备总价 + 设计费 + 施工费等的总和的 4% 计算、填写。

12. 填写编制者信息

在表格的下边，需要增加文件编制者信息，文件打印后签名，对外提供时还需要单位盖章。

【任务总结】

通过该任务学会了综合布线工程预算表的设计，对综合布线工程预算表的工程应用有了一定的认识，熟知编制综合布线工程预算表的要点和设计步骤，能够独立完成综合布线工程预算表的相关设计任务。

练习题

一、填空题

1. 工程预算表可以按照 2 种方式编制，一种是按照 IT 行业的预算方式，一种是按照_____。

2. 工程预算表中，根据汇总的工程量，套用_____，并分别套用相应的价格，或者使用当时的市场价格。

3. 网络电缆而言，就有五类、_____和六类，屏蔽和非屏蔽，室内和室外等多个规格。

4. 工程预算表中，单价栏主要是填写设备及材料价格。本栏价格可以使用当时的市场价格，也可以使用_____规定的价格。

二、简答题

1. 简述综合布线工程预算表的设计要点，至少说明四点。

2. 简述综合布线工程预算表的设计步骤。

实训项目

【实训名称】

材料统计表设计实训。

【实训内容】

按照如图 1-40 和表 3-2 所示的格式以及目前材料的市场价格，编制该项目工程预算表。

【实训步骤】

第一步：文件命名和表头设计。

第二步：填写序号栏。

第三步：根据使用的材料，填写材料名称栏。

第四步：根据使用的材料规格，填写材料型号或规格栏。

第五步：根据市场价格，填写材料单价栏。

第六步：根据使用的材料数量，填写材料数量栏。

第七步：填写材料单位栏。

第八步：根据单价和数量栏，计算金额，填写金额栏。

第九步：填写材料品牌或厂家栏。

第十步：计算设计费、施工费等，并填写。

第十一步：计算税金并填写。

第十二步：填写编制者信息。

第十三步：打印工程预算表。

【实训点评】

1. 项目名称正确。要求名称中必须有"××项目工程预算表"字样。

2. 表格设计合理。要求行、列宽度合适，项目齐全，名称正确。

3. 材料名称（种类）数量正确。

4. 材料规格/型号正确。

5. 数量准确或者合理。

6. 金额计算正确。

7. 其他相关费用计算正确。

8. 签字正确。

9. 日期正确。

任务三　综合布线系统工程施工进度表的设计

【任务导入】

现要求以给定的"建筑群网络综合布线系统模型"作为网络综合布线系统工程实例，按照要求完成对应施工进度表的设计。该如何操作？

【任务分析】

要完成该任务需要了解施工进度表及其相关工程应用，学习编制施工进度表的相关要点，熟知施工进度表的设计步骤，然后根据所学即可完成任务要求。

【任务目标】

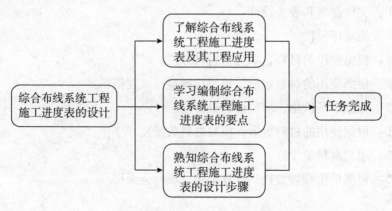

【任务实施】

一、综合布线系统工程施工进度表

施工进度表，又称横道图，采用直角坐标系（原点取在左下角），以纵坐标表示工序，横坐标表示日期，将各工序从上到下排列起来，对每一工序从开工日期到该工序结束日期画一条横线，全部工序作完以后就形成一张横道图，总共有多少工作、什么时间该干哪些工作都一目了然。

施工进度控制关键就是编制施工进度表，合理安排好前后作业的工序。

二、综合布线系统工程施工进度表的工程应用

综合布线工程可以根据工程的特点，将综合布线工程划分为如下五个施工阶段。

第一阶段为施工前的准备工作，包括现场测量、图纸深化设计会审。

第二阶段为基础施工阶段，包括敷设户外管道、手井、立杆；楼楼内管槽安装；网络中心管道敷设、洁净处理等。

第三阶段为机柜、缆线敷设阶段，包括按照设备的安装位置，铺设相应的缆线、光缆，并保证其缆线的通路。

第四阶段为设备安装、光纤熔接阶段，其主要是将系统设备按照施工图纸标注的位置、按照标准规范安装到位，并与相对应的设备连接保证设备的通路，光纤的分配熔接完成主干光纤的导通。

第五阶段是测试、试运行阶段，主要测试缆线并保证设备的可运行性。配合网络设备供应商进行校园网络系统的试运行。

三、编制综合布线系统工程施工进度表的要点

1. 表格设计合理

一般使用 A4 幅面横向排版的文件，要求表格打印后，表格宽度和文字大小合理，编号清楚，特别是编号数字不能太大或者太小，一般使用小四或者五号字。

2. 文件名称正确

一般按照项目名称命名，要在文件名称中直接体现项目名称和表格类别等信息。

3. 工序和工种齐全、正确

按照工程各施工阶段施工顺序，由上至下详细罗列出每个施工种类。

4. 工期核算准确

按照工程施工量和人员数量，计算出每个工种施工周期。

5. 签字和日期正确

作为工程技术文件，编写、审核、审定、批准等人员签字非常重要，如果没有签字就无法确认该文件的有效性，也没有人对文件负责，更没有人敢使用。日期直接反映文件的有效性，因为在实际应用中，可能会经常修改技术文件，一般是最新日期的文件替代以前日期的文件。

四、综合布线系统工程施工进度表的设计步骤

下面以如图 1-34 所示的西元综合布线教学模型为案例和如图 2-9 所示的二层施工图为例，说明编制施工进度表的方法和步骤。

1. 文件命名和表头设计

创建 1 个 A4 幅面的 Word 文件，填写基本信息和表格类别，同时给文件命名。如表 3-3 所示，基本信息填写在表格上面，内容为"项目名称：西元教学模型，建筑物名称：2 号楼，楼层：二层，文件编号：XY03-2-4"，表格类型填写在第一行，内容填写"工种、工序、日期"。

表 3-3　　　　西元综合布线教学模型案例二层施工进度

项目名称：西元教学模型　建筑物名称：2 号楼　楼层：二层　文件编号：XY03-2-4

工种、工序	日期（2012 年 5 月）												
	1	2	3	4	5	6	7	8	9	10	11	12	13
机柜安装	▬	▬											
线槽、管安装		▬	▬	▬	▬	▬							
管/槽布线			▬	▬	▬	▬	▬	▬					
配线架安装							▬	▬	▬				
模块/面板安装								▬	▬	▬			
系统链路测试											▬		
验收												▬	▬

编制人签字：樊果　　　　审核人签字：蔡永亮　　　　审定人签字：王公儒

编制单位：西安开元电子实业有限公司　　　　时间：2012 年 4 月 20 日

2. 填写工序

按照施工顺序，将施工类型从上到下排列填写在第一列。

3. 填写工期

根据每个工序计算和统计施工工期，对每一工序从开工日期到该工序结束日期画一条横线。

4. 填写编制者信息

在表格的下边，需要增加文件编制者信息，文件打印后签名，对外提供时还需要单位盖章。例如表 3 – 3 中，"编制人签字：樊果，审核人签字：蔡永亮，审定人签字：王公儒，编制单位：西安开元电子实业有限公司，时间：2012 年 4 月 20 日"。

【任务总结】

通过该任务学会了施工进度表的设计，对施工进度表的工程应用有了一定的认识，熟知编制施工进度表的要点和设计步骤，能够独立完成施工进度表的相关设计任务。

练习题

一、填空题

1. 施工进度控制关键就是编制_____，合理安排好前后序作业的工序。

2. 综合布线工程可以根据工程的特点，将综合布线工程划分为如下_____施工阶段。

3. 第二阶段为_____，包括敷设户外管道、手井、立杆；楼楼内管槽安装；网络中心管道敷设、洁净处理等。

4. 第五阶段是_____、试运行阶段，主要测试缆线并保证设备的可运行性。配合网络设备供应商进行校园网络系统的试运行。

二、简答题

1. 简述施工进度表的设计要点，至少说明四点。
2. 简述施工进度表的设计步骤。

实训项目

【实训名称】

施工进度表设计实训。

【实训内容】

按照如图 1 – 40 和表 3 – 3 所示的格式，编制该项目工程施工进度表。

【实训步骤】

第一步：文件命名和表头设计。

第二步：填写工序。

第三步：根据工程工序，计算和填写工期。

第四步：填写编制者信息。

第五步：打印施工进度表。

【实训点评】

1. 项目名称正确。要求名称中必须有"××项目工程施工进度表"字样。

2. 表格设计合理。要求行、列宽度合适，项目齐全，名称正确。

3. 工序内容齐全。

4. 工期划分合理。

5. 数量正确。

6. 表格说明正确、完整。

7. 签字正确。

8. 日期正确。

任务四　光纤的熔接

【任务导入】

现要求按照图纸所示的光缆熔接示意图，完成光缆安装和熔接。该如何操作？

【任务分析】

要完成该任务需要了解光纤熔接原理，学习光纤熔接机和相关工具的使用，熟知光纤熔接操作的步骤和方法，然后根据所学即可完成任务要求。

【任务目标】

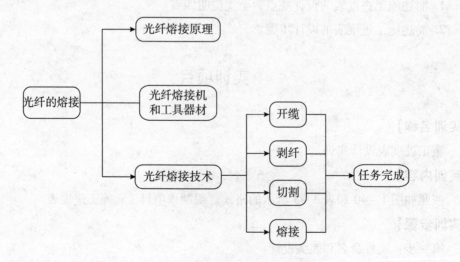

【任务实施】

一、光纤熔接原理

两段光纤之间的连接称为光纤接续，光纤接续有机械连接和熔接两种方法，熔接方式相对其他接续方式速度较快，每芯接续在 1 分钟内完成，接续成功率较高，传输性能、稳定性及耐久性均有所保障，目前普遍使用。

光纤熔接技术是将需要熔接的光纤放在光纤熔接机中，对准需要熔接的部位进行高压放电，产生热量将两根光纤的端头处熔接，合成一段完整的光纤，如图 3 - 1 所示，这种方法快速准确，接续损耗小，一般小于 0.1dB，而且可靠性高，是目前使用最为普遍的一种方法。

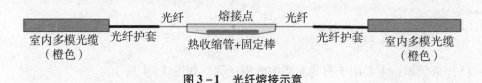

图 3 - 1 　光纤熔接示意

二、光纤熔接机

光纤熔接机用于光通信中光缆的施工和维护。以"西元"光纤熔接机（KYRJ - 369）为例介绍和说明，如图 3 - 2 所示。

1. 产品配置

产品型号：KYRJ - 369。

电压/功率：交流 220V/70W。

配套部件：熔接机、携带箱、携带箱跨带、携带箱备用钥匙、备用电极、塑料镊子、清洁毛刷、电源适配器、交流电源线、光纤切割刀、冷却托盘、显示器防护罩。

2. 产品特点

（1）采用了高速图像处理技术和特殊的精密定位技术，可以使光纤熔接的全过程在 9 秒自动完成。

（2）380 倍放大倍数和 LCD 显示器，使光纤熔接时的纤芯调整、对准和熔接等清晰可现，特别适合教学实训。

（3）交直流电源供电，特别适用于电信、广电、铁路、石化、电力、部队、公安等通信领域的光纤光缆工程和维护以及科研院所的教学与科研。

3. 产品结构

西元光纤熔接机上包括加热器、防尘罩、键盘、显示屏、电源模块等部件，熔接机的键盘为多功能键，功能分为手动工作方式/自动工作方式/参数菜单，如图 3 - 2、图 3 - 3 所示。

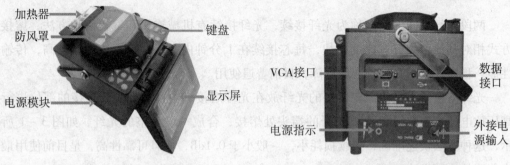

图 3 - 2　光纤熔接机俯视图　　　　　图 3 - 3　光纤熔接机侧视图

三、光纤熔接工具器材

（1）束管钳：主要用于剪切光缆中的钢丝绳，如图 3 - 4 所示。

（2）多用剪：适合剪柔软的物件，如撕拉线等，不宜用来剪硬物，如图 3 - 5 所示。

（3）剥皮钳：主要用于光缆或者尾纤的护套剥皮，不适合剪切室外光缆的钢丝。剪剥外皮时，要注意剪口的选择，如图 3 - 6 所示。

（4）美工刀：用于裁剪标签纸等，不可用来切硬物，如图 3 - 7 所示。

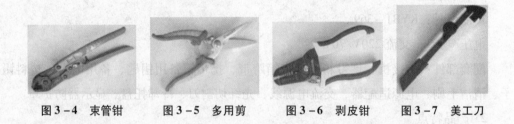

图 3 - 4　束管钳　　　图 3 - 5　多用剪　　　图 3 - 6　剥皮钳　　　图 3 - 7　美工刀

（5）尖嘴钳：适用于拉开光缆外皮或夹持小件物品，如图 3 - 8 所示。

（6）钢丝钳：俗名老虎钳，主要用来夹持物件，剪断钢丝，如图 3 - 9 所示。

（7）斜口钳：主要用于剪光缆外皮，不适合剪切钢丝，如图 3 - 10 所示。

（8）光纤剥线钳：适用于剪剥光纤的各层保护套，有 3 个剪口，可依次剪剥尾纤的外皮、中层保护套和树脂保护膜。剪剥时注意剪口的选择。如图 3 - 11 所示。

图 3 - 8 尖嘴钳　　图 3 - 9 钢丝钳　　图 3 - 10 斜口钳　　3 - 11 光纤剥线钳

（9）活动扳手：用于紧固螺丝，如图 3 - 12 所示。

（10）横向开缆刀：用于切割室外光缆的黑色外皮，如图 3 - 13 所示。

（11）清洁球：用于清洁灰尘，如图 3 - 14 所示。

（12）背带：便于携带工具箱。

（13）酒精泵：盛放酒精，不可倾斜放置，盖子不能打开，以防止挥发，如图 3 - 15 所示。

图 3 - 12 活动扳手　　3 - 13 横向开缆刀　　图 3 - 14 清洁球　　3 - 15 酒精泵

（14）钢卷尺：测量长度。

（15）镊子：用于夹持细小物件。

（16）记号笔：用于标记。

（17）红光笔：可简单检查光纤的通断。

（18）酒精棉球：蘸取酒精擦拭裸纤，平时应保持棉球的干燥，如图 3 - 16 所示。

（19）组合螺丝批：即组合螺丝刀，用于紧固相应的螺丝，如图 3 - 17 所示。

（20）微型螺丝批：即微型螺丝刀，用于紧固耦合器小螺丝，如图 3 - 18 所示。

图 3 - 16 酒精棉球　　图 3 - 17 组合螺丝批　　图 3 - 18 微型螺丝批

四、光纤熔接操作

（一）光缆开缆方法

光缆有室内和室外之分，室内光缆借助工具很容易开缆。由于室外光缆内部有钢丝拉线，故对开缆增加了一定的难度，这里介绍室外光缆开缆的一般方法和步骤。

第一步：在光缆开口处找到光缆内部的两根钢丝，用斜口钳剥开光缆外皮，用力向侧面拉出一小截钢丝，如图 3-19 所示。

第二步：一只手握紧光缆，另一只手用斜口钳夹紧钢丝，向身体内侧旋转拉出钢丝，如图 3-20 所示；用同样的方法拉出另外一根钢丝，两根钢丝都旋转拉出，如图 3-21 所示。

图 3-19　拨开外皮　　　　图 3-20　拉出钢丝　　　　图 3-21　拉出两根钢丝

第三步：用束管钳将任意一根的旋转钢丝剪断，留一根以备在光纤配线盒内固定。当两根钢丝拉出后，外部的黑皮保护套就被拉开了，用手剥开保护套，然后用斜口钳剪掉拉开的黑皮保护套，如图 3-22 所示，然后用剥皮钳将其剪剥后抽出。

第四步：剥皮钳将保护套剪剥开，如图 3-23 所示，并将其抽出。

注意：由于这层保护套内部有油状的填充物（起润滑作用），应该用棉球擦干。

第五步：完成开缆，如图 3-24 所示。

图 3-22　拨开保护套　　　　图 3-23　抽出保护套　　　　图 3-24　完成开缆

（二）光纤剥纤操作

剥纤的具体操作如下。

第一步：剥离光纤护套。左手拿光纤的端头，右手拿光纤剥线钳，在距光纤端头150毫米的地方，用光纤剥线钳剪断光纤护套，并用手沿着光纤轴线方向轻轻地抽出护套，如图3-25和图3-26所示。

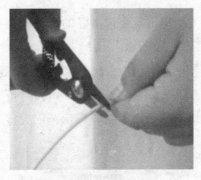 

图3-25　剥开尾纤护套　　　　　　　图3-26　抽出护套

第二步：剪掉芳纶纱。将露出来的芳纶纱捋到一起，并用多用剪齐根剪掉。

第三步：剥离紧套皮覆层。首先将光纤在食指上轻轻环绕一周，留出40毫米的光纤长度，用拇指将光纤按在食指上，然后用光纤剥线钳轻轻剪断光纤紧套披覆层，在不松开剥线钳的情况下，沿光纤轴线方向向外推光纤剥线钳，直至抽离光纤紧套披覆层，如图3-27所示。

第四步：刮掉树脂保护膜。用光纤剥线钳的最细小的口，轻轻地夹住光纤，沿光纤轴线方向向外推光纤剥线钳，将光纤上的树脂保护膜刮掉，如图3-28所示。

第五步：清洁裸纤。用棉球蘸取无水酒精，擦拭清洁剥好的裸纤，如图3-29所示。

图3-27　剥离紧套披覆层　　图3-28　刮掉树脂保护层　　图3-29　清洁裸纤

（三）光纤切割操作

光纤切割操作具体步骤如下。

第一步：加套热缩保护管。在光纤熔接作业中，切割光纤前，应将一根热缩套管套在待切的光纤上，以便熔接后保护熔接点。

第二步：剥裸纤并清洁。用光纤剥线钳剥出 30~40 毫米的裸纤，并用棉球蘸取无水酒精清洁裸纤，如图 3-30 所示。

第三步：安放光纤。首先打开切割刀的大小压板，将清洁好的光纤放在光纤切割刀的导向槽里，然后依次盖上大小压板，如图 3-31 所示。

注意，安放光纤时，应看好切割位置，确保切割后的裸纤长度为 12~16 毫米。

第四步：切割光纤。左手固定切割刀，右手扶着刀片盖板，并用大拇指迅速向远离身体的芳香推动切割刀刀架，完成光纤的切割，如图 3-32 所示。依次打开大小压板，即可拿出切割好的光纤。

图 3-30　清洁裸纤　　　　图 3-31　安放光纤　　　　图 3-32　切割光纤

（四）光纤熔接操作

1. 安放光纤

第一步：打开熔接机防风罩使大压板复位，显示器显示"请安放光纤"。

第二步：打开光纤熔接机的左边压板，将切割好的光纤放入 V 形载纤槽内，并盖上压板，如图 3-33 所示。注意安放光纤时，光纤的端面不能触碰任何地方，否则会损坏光纤端面。

第三步：用以上第二步的方法安放好右边切割好的光纤。

第四步：盖上熔接机的防风罩，查看光纤的断截面是否受损，与光纤的安放位置是否合适。光纤的断截面平齐，且两光纤之间的缝隙居中，即可进行下一步，如图 3-34 所示。

2. 自动熔接

第一步：选择合适的熔接程序，对于不同的环境、不同种类的光纤，可根据实际情况，按照说明书来调整程序和参数，以达到最佳的熔接效果。

图 3-33 安放光纤

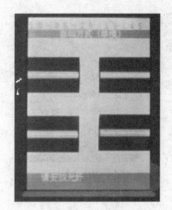

图 3-34 查看光纤

第二步：左右两边光纤都安放好后，盖下防风罩，则熔接机进入"请按键，继续"操作界面，按"RUN"键，熔接机进入全自动工作过程：自动清洁光纤、检查端面、设定间隙、纤芯准直、放电熔接和接点损耗估算，最后将接点损耗估算值显示在显示屏幕上。

第三步：当接点损耗估算值显示在显示屏幕上时，按"FUNCTION"键，显示器可进行 X 轴或 Y 轴放大图像的切换显示。

3. 加热热缩管

第一步：依次打开防风罩、左右光纤压板，小心地取出熔接好的光纤，避免碰到电极。

第二步：将事先装套在光纤上的热缩管小心地移到光纤接点处，使两两边的光纤被覆层留在热缩管中的长度基本相等。

第三步：将加热器的盖板打开，将热缩管放入加热器中，如图 3-35 所示。

第四步：盖上盖板，按下"HEAT"键，加热指示灯亮，即开始加热。

第五步：到设定加热时间后，加热指示灯灭，停止加热，热缩管加热完成。

4. 盘纤固定

将接续好的光纤盘到光纤收容盘内，在盘纤时，盘圈的半径越大，弧度越大，整个线路的损耗越小。所以一定要保持一定的半径，使激光在光纤传输时，避免产生一些不必要的损耗，如图 3-36 所示。

【任务总结】

通过该任务学会了光纤熔接机和相关工具的使用，对光纤熔接及其工程应用有了一定的认识，熟知光纤熔接中开缆、剥纤、切割和熔接的操作和技巧，能够独立完成光纤熔接的相关操作。

图 3 - 35　加热热缩管

图 3 - 36　盘纤固定

练习题

一、填空题

1. 两段光纤之间的连接称为光纤接续，光纤接续有_____和_____两种方法。

2. 光纤_____相对其他接续方式速度较快，每芯接续在 1 分钟内完成，接续成功率较高，传输性能、稳定性及耐久性均有所保障。

3. 光纤熔接技术快速准确，接续损耗小，一般小于_____dB，而且可靠性高，是目前使用最为普遍的一种方法。

4. 切割后的裸纤长度一般为_____毫米。

二、简答题

1. 简述光纤剥纤操作的方法和步骤。

2. 简述光纤熔接操作的方法和步骤。

实训项目

【实训名称】

光纤熔接技术实训。

【实训内容】

按照如图 3 - 37 所示光缆熔接示意图，完成光缆安装和熔接，具体要求如下：将光缆的两端分别穿入两个光纤配线架内部，在光纤配线架内，将光缆与尾纤熔接，尾纤另一端插接在对应的耦合器上。要求光纤熔接部位安装保护套管，将熔接好的光纤小心安装在绕线盘内，并且盖好绕线盘盖板。熔接时尽量保留尾纤长度，并且整理和绑扎美观。

BD光纤配线架　　　　　　　　　　CD光纤配线架

ST　　　　　　　　　　　　　　　　　　　　　ST
SC　　　　　　　　　　　　　　　　　　　　　SC

耦合器　尾纤　熔接点　　　光　缆　　　熔接点　尾纤　耦合器

图3-37　光缆熔接原理示意

【实训步骤】

第一步：开剥光缆，并将光缆固定到接续盒内。

第二步：将光纤穿过光纤保护套管（热缩管）。

第三步：打开熔接机电源，选择合适的熔接方式。

第四步：清洁裸纤。

第五步：切割。

第六步：放置光纤。

第七步：光纤熔接。

第八步：加热热缩管。

第九步：盘纤并固定。

【实训点评】

1. 熔接方法正确。

2. 熔接点损耗合格。

3. 光纤盘纤整齐牢固。

4. 工艺美观。

任务五　光纤的冷接

【任务导入】

现要求用冷接方式来完成光纤的接续。该如何操作？

【任务分析】

要完成该任务需要了解光纤冷接在工程上的应用，学习光纤冷接技术原理，熟知光纤冷接技术和操作，然后根据所学即可完成任务要求。

【任务目标】

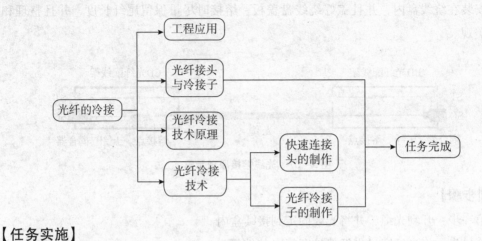

【任务实施】

一、光纤冷接在工程上的应用

移动通信网络中，光纤冷接主要适用于以下场合。

1. 光缆应急抢修

光纤冷接工具成本较低，可大量配备，从而提高反应速度和抢修效率；同时，光纤冷接的高灵活性和适应性，可更全面、有效地满足线路抢修的要求。

2. 用户接入光缆的建设及维护

用户接入光缆一般长度较短，损耗要求相对较低，光纤接续点存在芯数少且多点分散的特点，且经常需要在高处、楼道内狭小空间、现场取电不方便等场合施工，采用光纤冷接方式更灵活、高效。

3. 移动基站的光纤接入

随着移动通信技术的发展，新增和已有的移动基站将采用光纤接入，这种光纤一般芯数较少，而基站站址的分布具有点多、分散的特点，采用光纤冷接将有助于降低成本。

二、常用光纤接头与冷接子

工程中常用的光纤接头有直通型光纤快速连接器和预埋型光纤快速连接器两种，常用的光纤冷接子有皮线光缆冷接子和光纤冷接子两种。

三、光纤冷接技术原理

1. V 形槽

无论是快速连接器，还是光纤冷接子，要实现纤芯的精确对接，就必须要将光纤固定住位置，这就是 V 形槽的作用，如图 3 - 38 所示。

2. 匹配液

对接光纤的端面间，并不能完美无隙地贴在一起，匹配液的作用就是填补他们之间的间隙，它是一种透明无色的液体，折射率与光纤一致。匹配液可弥补光纤切割缺陷引起的损耗过大，图 3 - 39 为光纤与匹配液中光信号传播的示意图。

匹配液通常密封在 V 形槽内，以免流失。

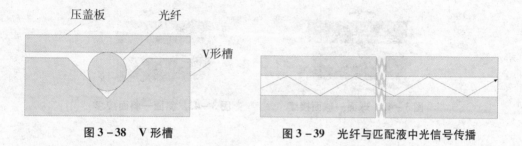

图 3 - 38　V 形槽　　　　　　　图 3 - 39　光纤与匹配液中光信号传播

3. 光纤端面接续方式

常见的光纤端面分为平面、球面、斜面，因此两段光纤端面之间的接续方式分为以下几类。

（1）平面—平面接续（FC - FC）。平面—平面接续，指光纤接续点两端均为切制的平面，如图 3 - 40 所示。对接时要加入匹配液弥补接续空隙，实现光信号的低损导通。它是光纤冷接子主要采用的接续方式。优点：成本低，现场易制作，接续简单，操作速度快，便于 FTTH 大批量使用。缺点：接续点必须加入匹配液，由于匹配液易于受到污染，对使用环境要求较高。适用范围：光纤冷接子和光纤快速连接器。

（2）球面—平面接续（PC - FC）。球面—平面接续，指光纤接续点一端为球面，另一端为平面，如图 3 - 41 所示。根据产品结构的不同，可选择性加入匹配液。用于高品质产品的冷接续方式。优点：可不加入匹配液，接续简单、可靠，操作速度快，便于大批量使用。缺点：现场光纤的制作要求高。适用范围：光纤快速连接器。

（3）球面—球面接续（PC - PC）。球面—球面接续，指光纤接续点两端均为球面，如图 3 - 42 所示。不用加入匹配液。该方式在活动连接器中大量使用。优点：接续性能好，耐气候性强。缺点：现场光纤的制作要求很高，价格昂贵，接续复杂，不便于大批量使用。适用范围：光纤活动连接器、光纤冷接子和光纤快速连接器。

（4）斜面—斜面接续（APC - APC）斜面—斜面接续，指光纤接续点两端均为斜面，如图 3 - 43 所示。在接续点加入匹配液。主要用于对回波损耗要求较高的 CATV 模拟信号的传输。优点：回波损耗性能好。缺点：现场光纤的制作要求很高，价格昂贵，特制的斜 8°切割，接续复杂，操作速度慢，不便于大批量使用。适用范围：APC 型光纤活动连接器、光纤冷接子或现场快速连接器。

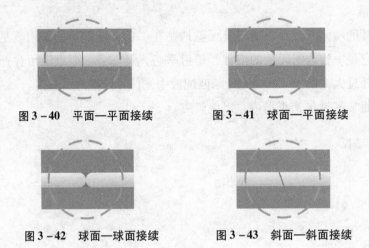

图 3 - 40　平面—平面接续　　　图 3 - 41　球面—平面接续

图 3 - 42　球面—球面接续　　　图 3 - 43　斜面—斜面接续

四、光纤冷接技术

(一) 快速连接头的制作

1. 快速连接头的结构

（1）直通型快速连接器。如图 3 - 44 所示，这种连接器内不需要预置光纤，也无须匹配液，只需将切割好的纤芯插入套管用紧固装置加固即可，最终的光纤端面就是现场切割刀切割的平面形光纤端面。直通型快速连接器内部无接续点和匹配液，不会由于匹配液的流失而影响使用寿命，也不存在因使用时间过长导致匹配液变质等问题。

（2）预埋型快速连接器。如图 3 - 45 所示，这种连接器的插针内预埋有一段两端面研磨好的（球面形）光纤，与插入的光纤在 V 形槽内对接，V 形槽内填充有匹配液，最终陶瓷插针处的光纤端面是预埋光纤的球形端面。预埋型快速连接器光纤端面可以保证是符合行业标准的研磨端面，可以满足端面几何尺寸，而直通型快速连接器的光纤端面几何尺寸无法满足行业标准的要求。

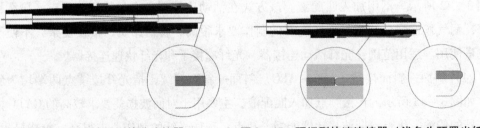

图 3 - 44　直通型快速连接器　　　图 3 - 45　预埋型快速连接器（浅色为预置光纤）

2. 光纤快速连接头的制作工具

（1）光纤冷接推荐使用"西元"光纤冷接与测试工具箱，如图 3 – 46 所示，型号为 KYGJX – 35。

（2）皮线剥皮钳，用于剥除皮线光缆外护套，如图 3 – 47 所示。

（3）光纤剥皮钳，用于去除光纤涂覆层，如图 3 – 48 所示。

（4）光纤切割刀，用于切割光纤纤芯端面，切出来后光纤端面应为平面，如图 3 – 49 所示。

（5）无尘纸，用于清洁裸纤，如图 3 – 50 所示。

（6）光功率计和红光笔，用于测试光纤损耗。

图 3 – 46　冷接工具箱　　　图 3 – 47　皮线剥皮钳　　　图 3 – 48　光纤剥皮钳

图 3 – 49　切割刀　　　　图 3 – 50　无尘纸

3. 光纤快速连接器的制作方法

接续光缆有皮线光缆和室内光缆，以皮线光缆为接续光缆，以直通型快速连接器为例介绍制作方法。

第一步：准备材料和工具。端接前，应准备好工具和材料，并检查所用的光纤和连接器是否有损坏。

第二步：打开光纤快速连接器。将光纤快速连接器的螺帽和外壳取下，锁紧套松开，压盖打开，并将螺帽套在光缆上，如图 3 – 51 和图 3 – 52 所示。

图 3 -51　打开快速连接器

图 3 -52　螺帽套在光缆上

第三步：切割光纤。

（1）使用皮线剥皮钳剥去 50 毫米的光缆外护套，如图 3 -53 所示。

（2）使用光纤剥皮钳剥去光纤涂覆层，用干净的无尘纸蘸酒精擦去裸纤上的污物，将光缆放入导轨中定长，如图 3 -54 所示。

图 3 -53　剥去光缆外护套

图 3 -54　光缆放入导轨中定长

（3）将光纤和导轨条放置在切割刀的导线槽中，依次放下大小压板，左手固定切割刀，右手扶着刀片盖板，并用大拇指迅速向远离身体的方向放下推动切割刀刀架（使用前应回刀），完成切割，如图 3 -55 所示。

第四步：固定光纤。将光纤从连接器末端的导入孔处穿入，如图 3 -56 所示。外露部分应略弯曲，说明光纤接触良好。

图 3 -55　光纤切割

图 3 -56　连接器穿入光纤

第五步：闭合光纤快速连接器。将锁紧套推至顶端夹紧光纤，闭合压盖，拧紧螺帽，套上外壳，完成制作，如图 3 -57 所示。

图 3 -57　制作好的光纤快速连接器

（二）光纤冷接子的制作

1. 光纤冷接子的结构

光纤冷接子用来实现光纤与光纤之间的固定连接。

（1）皮线光缆冷接子，适用于 2 毫米 ×3 毫米皮线光缆、ϕ2.0 毫米/ϕ3.0 毫米单模/多模光缆，如图 3-58 所示。

（2）光纤冷接子，适用于 250μm/900μm 单模/多模光纤，如图 3-59 所示。

图 3-58 皮线光缆冷接子

图 3-59 光纤冷接子

两种冷接子原理一样，如图 3-60 和图 3-61 为皮线光缆冷接子拆分图和内腔结构图，可以看出，两段处理好的光纤纤芯从两端的锥形孔推入，由于内腔逐渐收拢的结构可以很容易地进入中间的 V 形槽部分，从 V 形槽间隙推入光纤到位后，将两个锁紧套向中间移动压住盖板，使光纤固定，就完成了固定的连接。

图 3-60 皮线光缆冷接子拆分图

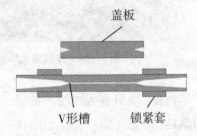

图 3-61 皮线光缆冷接子内腔结构

2. 光纤冷接子的制作工具

推荐使用"西元"光纤冷接与测试工具箱。

3. 光纤冷接子的制作方法

接续光缆有皮线光缆和室内光缆，这里以皮线光缆冷接子为例介绍制作方法。

第一步：准备材料和工具。端接前，应准备好工具和材料，并检查所用的光纤和冷接子是否有损坏。

第二步：打开冷接子备用，如图 3－62 所示。

第三步：切割光纤。

（1）使用皮线剥皮钳剥去 50 毫米的光缆外护套，如图 3－63 所示。

（2）使用光纤剥皮钳剥去光纤涂覆层，用干净的无尘纸蘸酒精擦去裸纤上的污物，将光缆放入导轨中定长，如图 3－64 所示。

（3）将光纤和导轨条置在切割刀的导线槽中，依次放下大小压板，左手固定切割刀，右手扶着刀片盖板，并用大拇指迅速向远离身体的方向放下推动切割刀刀架（使用前应回刀），完成切割，如图 3－65 所示。

图 3－62　冷接子

图 3－63　剥去光缆外护套

图 3－64　光缆放入导轨中定长

图 3－65　光纤切割

第四步：光纤穿入皮线冷接子。把制备好的光纤穿入皮线冷接子，直到光缆外皮切口紧贴在皮线座阻挡位，如图 3－66 所示。光纤对顶应产生弯曲，此时说明光缆接续正常。

第五步：锁紧光缆。弯曲尾缆，防止光缆滑出；同时取出卡扣，压下卡扣锁紧光缆，如图 3－67 所示。

图 3－66　光纤穿入皮线冷接子

图 3－67　卡扣锁紧光缆

第六步：固定两接续光纤。按照上述方法对另一侧光缆进行相同处理。然后将冷接子两端锁紧块先后推至冷接子最中间的限位处，固定两接续光纤，如图 3 - 68 所示。

第七步：压下皮线盖。压下皮线盖，完成皮线接续，如图 3 - 69 所示。

图 3 - 68　冷接子两端锁紧

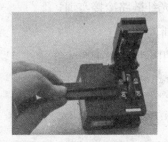
图 3 - 69　制作完成

【任务总结】

通过该任务学会了光纤冷接原理，对光纤冷接的工程应用有了一定的认识，熟知光纤快速连接器和光纤冷接子的制作方法，能够独立完成光纤冷接的相关任务。

练习题

一、填空题

1. 工程中常用的光纤接头有＿＿＿＿＿＿＿和＿＿＿＿＿＿＿两种。

2. 常用的光纤冷接子有＿＿＿＿＿＿和＿＿＿＿＿两种。

3. 常见的光纤端面分为＿＿＿、＿＿＿、＿＿＿。

4. 移动通信网络中，光纤冷接主要适用于＿＿＿＿＿、用户接入光缆的建设及维护和移动基站的光纤接入。

二、简答题

1. 简述光纤快速连接器的制作方法。

2. 简述光纤冷接子的制作方法。

实训项目

【实训名称】

光纤链路冷接实训。

【实训内容】

用冷接子做 1 个光纤测试链路, 如图 3 - 70 所示, 完成 5 芯冷接, 即完成 1 个链路的接续。

图 3 - 70　单模光纤冷接链路示意

【实训步骤】

第一步: 准备材料。"西元"光纤冷接与测试工具箱 (KYGJX - 35)、1 根 SC - SC 单模跳线、1 根 5 米单模室内四芯光缆。

第二步: 尾纤制作。将 SC - SC 单模跳线从中间剪断。

第三步: 按照如图 3 - 70 所示链路进行 5 次冷接, 完成测试链路。

第四步: 用红光笔进行测试。将红光笔接入链路中任意一端的 SC 连接器中, 打开红光笔, 观察链路中另一端的 SC 连接器是否发出红光。

【实训点评】

1. 冷接方法正确。

2. 冷接链路损耗合格。

3. 操作规范, 工艺美观。

任务六　光缆故障检测与分析

【任务导入】

现需要对已有的综合布线系统的光纤部分进行测试, 该如何操作?

【任务分析】

要完成该任务需要了解测试的基本知识和测试工具, 学习测试工具的使用和光纤的测试方法, 然后根据所学即可完成任务要求。

【任务目标】

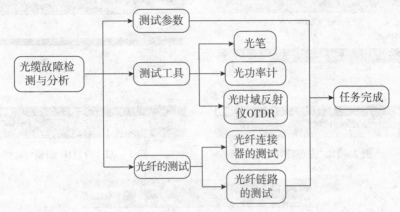

【任务实施】

一、测试参数

1. 衰减

（1）衰减是指光沿光纤传输过程中光功率的减少。

（2）对光纤网络总衰减的计算：光纤损耗（LOSS）是指光纤输出端的功率（Power Out）与发射到光纤时的功率（Power In）的比值。

（3）损耗是同光纤的长度成正比的。

（4）光纤损耗因子（α）：用来反映光纤衰减的特性。

2. 回波损耗

回波损耗又称为反射损耗，它是指在光纤连接处，后向反射光相对输入光的比率的分贝数。改进回波损耗的有效方法是，尽量将光纤端面加工成球面或斜球面。

3. 插入损耗

插入损耗是指光纤中的光信号通过活动连接器之后，其输出光功率相对输入光功率的比率的分贝数，插入损耗越小越好。插入损耗的测试结果如图 3-71 所示。

4. OTDR 参数

OTDR 测量的是反射的能量而不是传输信号的强弱，如图 3-72 所示。

（1）Channel Map。图形显示链路中所有连接和各连接间的光缆长度，如图 3-73 所示。

（2）OTDR 曲线。曲线自动测量和显示事件，光标自动处于第一个事件处，可移动到下一个事件，如图 3-74 所示。

（3）OTDR 事件表。可以显示所有事件的位置和状态以及各种不同的事件特征，例如末端、反射、损耗、幻象等，如图 3-75 所示。

图 3-71 光缆测试结果　　　　　图 3-72　OTDR 测量

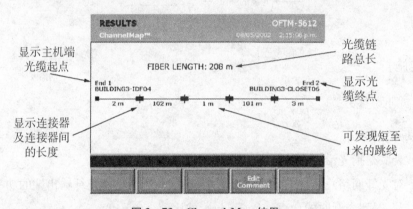

显示主机端光缆起点

显示连接器及连接器间的长度

光缆链路总长

显示光缆终点

可发现短至1米的跳线

图 3-73　Channel Map 结果

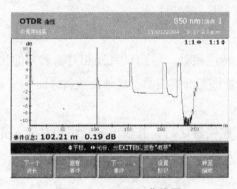

图 3-74　OTDR 曲线图

图 3-75　OTDR 事件表

（4）光功率。验证光源和光缆链路的性能，如图 3-76 所示。

二、测试工具

1. 光笔的简介

红光笔，如图 3-77 所示，又叫做通光笔、笔式红光源、光检测笔、光纤故障检测器、光纤故障定位仪等，多数用于检测光纤断点，不能用于损耗测试。目前，按其最短检测距离

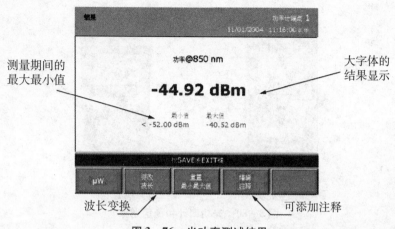

图 3 – 76 光功率测试结果

划分为：5 千米、10 千米、15 千米、20 千米、25 千米、30 千米、35 千米、40 千米等。

其功能有测试光纤跳线通断（如图 3 – 78 所示）、光纤断点故障定位（如图 3 – 79 所示）和端到端光纤识别。所应用的领域包括电信、CATV 工程与维护，综合布线施工与维护，光器件生产与研究以及其他光纤工程。

图 3 – 77 红光笔

图 3 – 78 测试光纤跳线通断

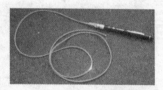
图 3 – 79 光纤断点故障定位

2. 光功率计的简介

光功率计，如图 3 – 80（a）所示，是指用于测量绝对光功率或通过一段光纤的光功率相对损耗的仪器。在光纤系统中，测量光功率是最基本的，非常像电子学中的万用表。用光功率计与稳定光源〔如图 3 – 80（b）所示〕组合使用，能够测量连接损耗、光纤链路损耗、检验连续性，并帮助评估光纤链路传输质量。光功率计主要有测试光功率，测试损耗的功能。应用于光纤 CATV 工程、光纤通信工程、光纤传感研究、光学器件的生产和研究、其他光纤工程等领域。使用方法请按照产品说明书规定。

3. 光时域反射仪 OTDR 的简介

光时域反射仪（Optical Time Domain Reflectometer，OTDR），如图 3 – 81 所示，是利用光线在光纤中传输时的瑞利散射和菲涅尔反射所产生的背向散射而制成的精密的光电一体化仪表。

测试时向光纤打入一连串的光信号，因为光信号遇到不同折射率的介质会散射及

（a）光功率计　　　　（b）稳定光源

图 3 - 80　光功率计和稳定光源

反射回来。能测到反射回来的光信号强度是时间的函数，因此将其转换成光纤的长度。用于测量光纤的长度、衰减、接头损耗、光纤故障点定位以及了解光纤沿长度的损耗分布情况等，应用于光缆线路的维护、施工、监测。图 3 - 82 是测试图，看到 A 端在 0 起始线，B 端是那条虚线，可以看到 AB 两点间相距 53.4252 千米。

图 3 - 81　OTDR

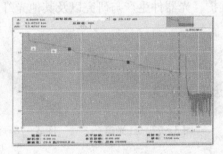

图 3 - 82　OTDR 测试图

OTDR 测量的是反射的能量而不是传输信号的强弱，如图 3 - 83 所示。

OTDR 的曲线自动测量和显示事件，光标自动处于第一个事件处，可移动到下一个事件，如图 3 - 84 所示。OTDR 事件表可以显示所有事件的位置和状态，以及各种不同的事件特征，例如反射、损耗等，如图 3 - 85 所示。

图 3 - 83　OTDR 测量

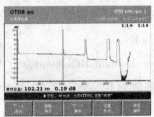

图 3 - 84　OTDR 曲线图

图 3 - 85　OTDR 事件表

三、光纤的测试

根据国标中光纤连接器插入损耗测试方法的规定，测试系统框图，如图 3 – 86 所示。

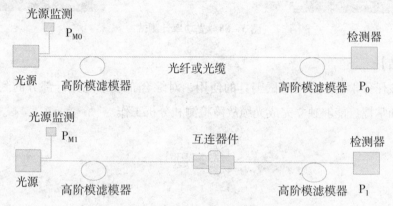

图 3 – 86　光纤连接器插入损耗测试

1. 光纤连接器的测试

第一步：设置基准值。

（1）打开光功率计，选择工作波长。

（2）打开光源，选择正确的波长并使其稳定，这个过程大约需要 1~2 分钟。

（3）用光纤跳纤连接光源和功率计。

（4）用光功率计测得此时的光功率值。

（5）按光功率的归零按钮，此时光功率计的 dB 读数为 0（小数点后的读数略有变化为正常现象），所测得的光功率值设置为基准值。

第二步：测试所制作光纤跳纤或光纤链路的损耗。

接入待测试光纤跳纤或光纤链路，读取光功率计的 dB 读数，即为损耗值。

2. 光纤链路的测试

第一步：打开光功率计和光源，等待一两分钟使光源功率稳定。

第二步：使用一根标准光纤跳纤连接光功率计和光源，如图 3 – 87 所示，待功率稳定后按下光功率计的归零按键，使读数变为 0。

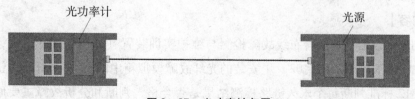

图 3 – 87　光功率计归零

第三步：取下标准光纤跳纤，将被测光纤链路接入光功率计和光源之间，如图 3 - 88 所示，待光功率计读数稳定后读取数字，即为被测光纤链路的损耗。

图 3 - 88　光功率计测试

【任务总结】

通过该任务学会了常用测试工具的使用，对综合布线系统光纤部分的测试有了一定的认识和掌握，能够独立完成光缆故障检测和分析工作。

练习题

一、填空题

1. 衰减是指光沿光纤传输过程中_____的减少。

2. 损耗是同光纤的长度成_____的。

3. 改进回波损耗的有效方法是，尽量将光纤端面加工成球面或_____。

4. 插入损耗是指光纤中的光信号通过活动连接器之后，其输出光功率相对输入光功率的比率的分贝数，插入损耗越_____越好。

二、简答题

1. 简述光纤连接器的测试方法。

2. 简述光纤链路的测试方法。

实训项目

【实训名称】

光缆链路故障诊断与分析实训。

【实训内容】

使用测试仪器检测综合布线故障检测与维护实训装置（如图 3 - 89 所示，产品型号为 XIYUAN KYGJZ - 07 - 02）上安装的光纤故障模拟箱中的 12 个光纤永久链路，按照 GB50312 标准判断每个永久链路检测结果是否合格，判断和分析故障主要原因，并且将检测结果填写在表3-4中。

图3-89 西元综合布线故障检测与维护实训装置

表3-4   光纤故障检测分析表

序号	链路名称	检测结果	主要故障类型	主要故障主要原因分析
1	A1 链路			
2	A2 链路			
3	A3 链路			
4	A4 链路			
5	A5 链路			
6	A6 链路			
7	A7 链路			
8	A8 链路			
9	A9 链路			
10	A10 链路			
11	A11 链路			
12	A12 链路			

检测分析人：   时间：   年 月 日

【实训步骤】

第一步：打开"西元"综合布线故障检测实训装置电源。

第二步：取出测试仪器。

第三步：用测试仪器逐条测试链路，根据测试仪器显示的数据，判定各条链路的故障位置和故障类型。

第四步：填写故障检测分析表，完成故障测试分析。

【实训点评】

1. 故障检测结果正确。

2. 故障类型判断准确全面。

3. 主要原因分析正确。